2017年畜牧业发展形势及2018年展望报告

农业农村部畜牧业司
全 国 畜 牧 总 站
编

中国农业科学技术出版社

图书在版编目（CIP）数据

2017年畜牧业发展形势及2018年展望报告 / 农业农村部畜牧业司，全国畜牧总站编．—北京：中国农业科学技术出版社，2018.4

ISBN 978-7-5116-3551-8

Ⅰ．①2… Ⅱ．①农… ②全… Ⅲ．①畜牧业经济—经济分析—研究报告—中国— 2017 ②畜牧业经济—经济预测—研究报告—中国— 2018 Ⅳ．① F326.3

中国版本图书馆 CIP 数据核字 (2018) 第 044391 号

责任编辑　闫庆健
文字加工　李功伟
责任校对　马广洋

出 版 者　中国农业科学技术出版社
北京市中关村南大街 12 号　邮编：100081
电　　话　（010）82106632（编辑室）　（010）82109702（发行部）
（010）82109703（读者服务部）
传　　真　（010）82106625
网　　址　http://www.castp.cn
经 销 者　各地新华书店
印 刷 者　北京科信印刷有限公司
开　　本　880mm × 1 230mm　1/16
印　　张　3.75
字　　数　71 千字
版　　次　2018 年 4 月第 1 版　2018 年 4 月第 1 次印刷
定　　价　50.00 元

2017年畜牧业发展形势及2018年展望报告

编委会

主　　任　马有祥

副主任　李维薇　贠旭江

委　　员　马有祥　李维薇　贠旭江　辛国昌　刘丑生　张　富　刘　栋
付松川　张利宇　张　娜　史建民　刘　瑶　何　洋　王济民
杨　宁　文　杰　卜登攀　王明利　肖海峰　朱增勇　宫桂芬
张保延　张立新　孟君丽　郑晓静　乌兰图亚　李　英　谢　群
赛　娜　顾建华　何　明　任　丽　单昌盛　王舒宁　姜树林
盛英霞　崔国庆　蔡　珣　刘　统　林　敏　温　冰　林　苓
周少山　余联合　唐　霞　夏　虹　张　楠　王缠石　来进成
德乾恒美　张　军　李彦飞

主　　编　辛国昌　刘丑生

副主编　张　富　张利宇

编写人员　（按姓氏笔画排序）　丁存振　卜登攀　马　露　王纪元　王明利
王济民　王祖力　文　杰　石自忠　石守定　田连杰　田　蕊
史建民　刘　瑶　朱增勇　严　伟　杨　宁　杨　春　肖海峰
何　洋　张利宇　张　娜　张朔望　周振峰　郑麦青　赵连生
宫桂芬　秦宇辉　徐桂云　高海军　郭荣达　崔　姹　梁晓维
腰文颖

前　言

我国是畜牧业大国。畜牧业是农业农村支柱产业，产值占农林牧渔业总产值约三分之一。畜牧业发展关乎国计民生，肉蛋奶等畜产品生产供应，一边连着养殖场户的“钱袋子”，另一边连着城乡居民的“菜篮子”。近年来，国内畜牧业生产结构加快调整，国外畜产品进口冲击明显加大，畜产品消费结构也不断调整和升级，我国畜产品供需矛盾由总量不足已经转向供需总体平衡下的结构性、阶段性、季节性供需矛盾，结构性矛盾逐步突出，主要表现为周期性市场波动和季节性市场波动相互交织。特别是近两年，在市场信息发达但缺乏权威全面信息引导的情况下，一些养殖场户短期行为容易趋同，加剧了供需矛盾，放大了市场波动。因此，养殖场户如何合理安排生产经营，政府如何引导和调控生产、保障畜产品供应，面临着很大的挑战。

以构建权威、全面、动态畜牧业数据体系为目标，2008 年以来，农业农村部探索建立了涵盖生猪、蛋鸡、肉鸡、奶牛、肉牛、肉羊等主要畜种，养殖生产、屠宰加工、市场价格、消费交易量、成本效益、国际贸易等全产业链环节的监测体系，形成了定期部门会商、月度专家会商和适时企业会商制度，以及定期数据发布制度，为行业管理和引导生产提供了有力支撑。

为更好服务和引导生产，农业农村部畜牧业司、全国畜牧总站组织畜牧业监测预警专家团队，以监测数据为基础，对畜牧业生产特点和趋势进行了解读，形成了《2017 年畜牧业发展形势及 2018 年展望报告》。本报告凝聚了各级畜牧兽医系统的信息员、统计员的辛勤劳动，以及畜牧业监测预警专家团队的集体智慧，在此一并感谢。

由于水平所限，加之时间仓促，书中难免有疏漏和不足之处，敬请各位读者批评指正。

编者

2018 年 4 月

目 录

2017 年生猪产业发展形势及 2018 年展望

摘 要

2016 年是公认的“金猪年”，生猪市场供应偏紧，全年生猪养殖头均盈利约 460 元。2017 年，受环保拆迁及行情下行影响，生猪存栏及能繁母猪存栏有所下降，但得益于生产效率提升，猪肉产量同比基本持平。由于猪肉市场需求有所下降，市场供需由偏紧趋于平衡，猪价总体进入下行通道。2017 年出栏一头商品肥猪平均盈利 170 元左右，处于正常偏好水平，是“金猪年”后难得的“银猪年”。2018 年，大型养猪企业新增产能逐步释放，环保拆迁对基础产能的影响也将逐步显现，总体产能将保持缓慢恢复态势，生猪市场供需总体平衡，不会出现严重过剩情况，全年有望继续盈利，但年景逊于 2017 年[1]。

一、2017 年生猪生产形势分析

(一)中小规模户持续退出趋势未改

2017 年年末，4000 个定点监测行政村养猪户比重为 12.3%，同比下降 1.2 个百分点（图 1），降幅较往年有所减小，表明中小规模养猪户退出趋势没有改变，但出现放缓的迹象。按农业普查 2.3 亿农户测算，2017 年年末全国养猪场户约 2800 万户，同比减少 400 万户左右。回顾 2010 年以来变化趋势，全国养猪场户比重连续 8 年下降，累计下降 12.3 个百分点，年均下降 1.5 个百分点。

（二）受环保及行情下滑影响，生猪存栏及能繁母猪存栏总体下降

2017 年，生猪存栏及能繁母猪存栏总体减少（图 2）。从历史规律看，每年年初恰逢元旦、春节等节日，生猪出栏大幅增加，存栏一般都会出现不同幅度下降，二、三季度缓慢回升，四季度达到相对高点。但 2017 年生猪存栏变化有所不同，在经历了 3—4 月的短暂增加后，5 月开始持续小幅下滑。能繁母猪存栏延续 2013 年以来的下降趋势，但降幅有所趋缓。据监测，2017 年年末生猪存栏和能

1 本报告分析判断主要基于 400 个生猪养殖县中 4000 个定点监测行政村、1.3 万家年出栏 1000 头以上规模养殖场、8000 家定点监测养猪场户成本收益等数据

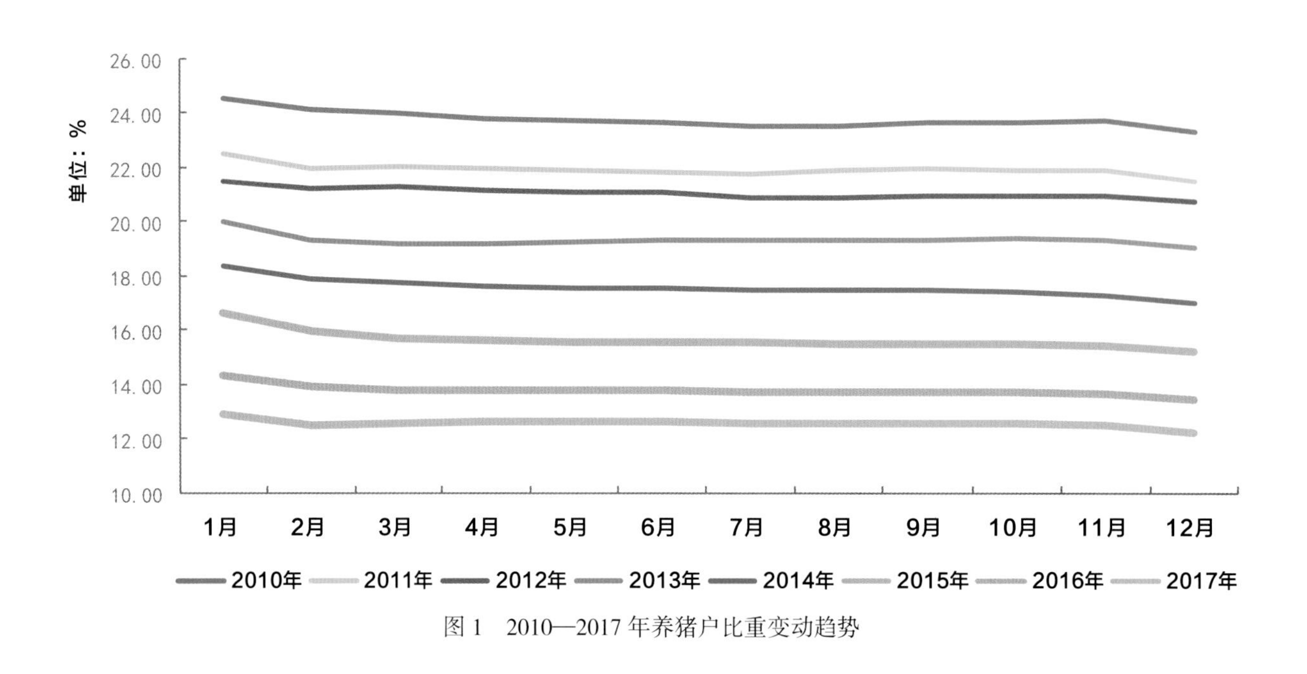

图 1 2010—2017 年养猪户比重变动趋势

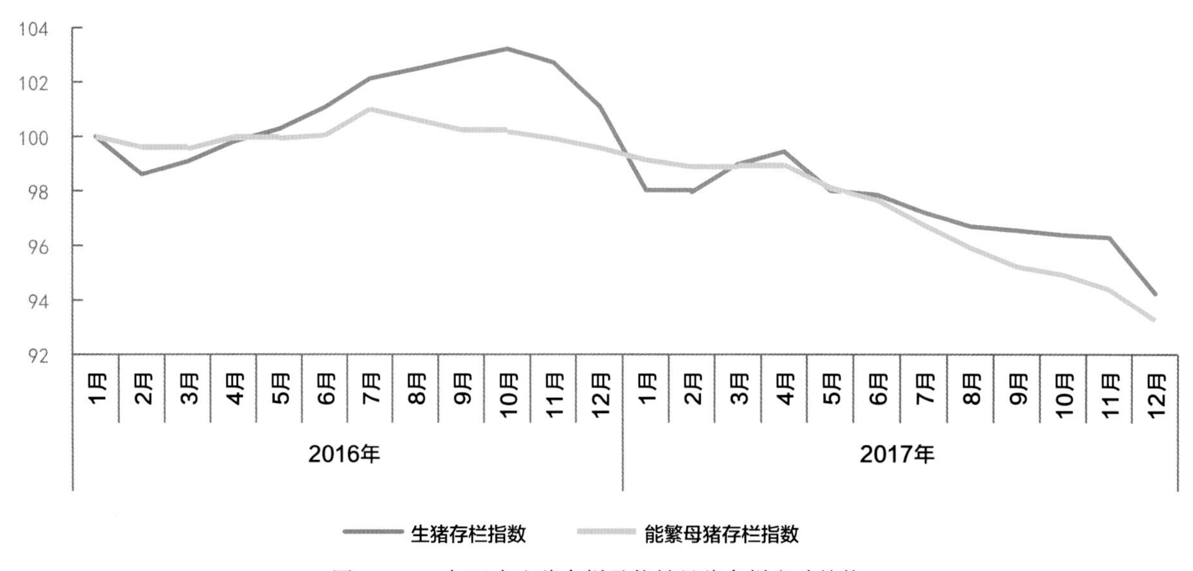

图 2 2016 年以来生猪存栏及能繁母猪存栏变动趋势

繁母猪存栏同比均下降 5%。

（三）猪肉产量同比基本持平，全年市场供需处于紧平衡态势

2017 年能繁母猪平均存栏同比下降 2.8%，但由于每头母猪生产性能的提高和肥猪平均出栏体重的增加（图 3），综合测算，每头母猪年提供猪肉量提高 4% 左右。总体来看，能繁母猪的下降并没有带来猪肉产量的减少，相反还有所增加。另据对全国 240 个县集贸市场监测，2017 年猪肉交易量同比下降 1%。全年猪肉供应量有所增加，消费需求减少，缓解了生猪供不应求的状况，供需关系总体趋向

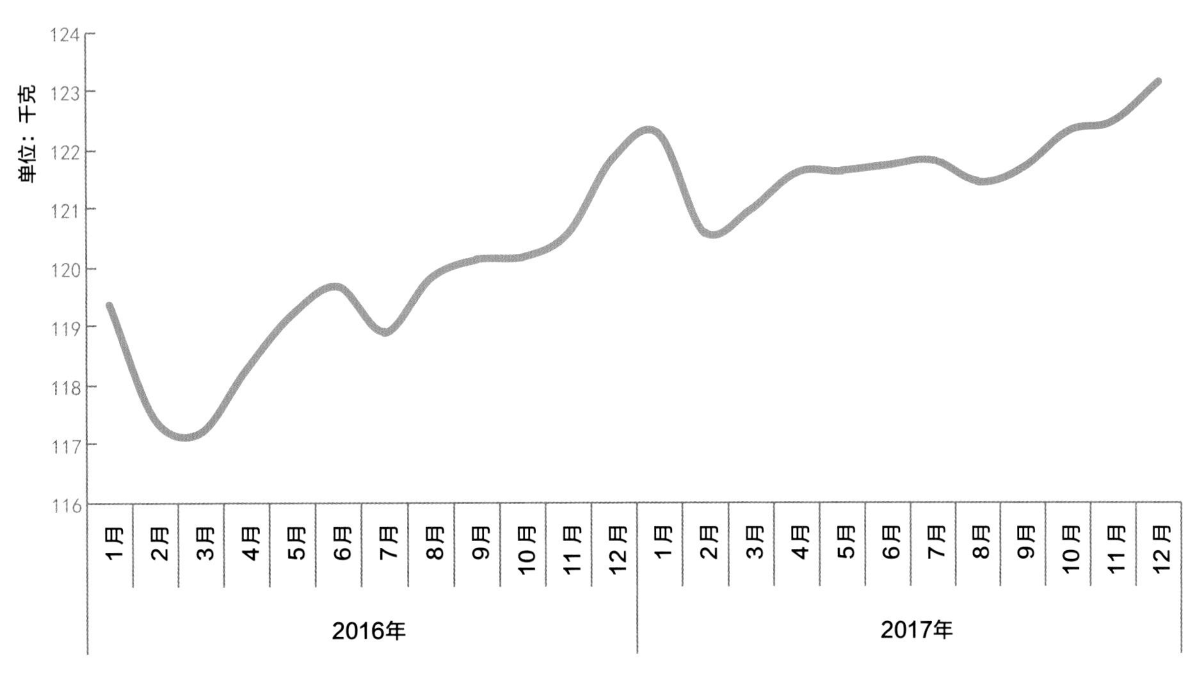

图 3　2016 年以来育肥猪出栏活重变动趋势（千克）

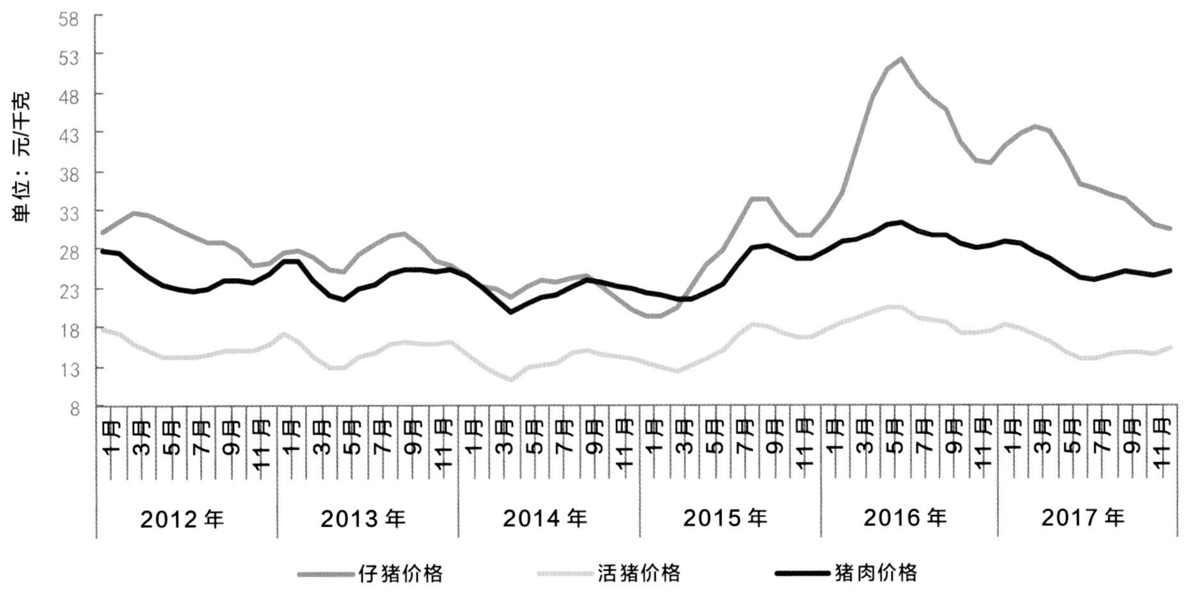

图 4　2012—2017 年生猪价格变动趋势（元 / 千克）

平衡。

（四）生猪价格高位回落，养殖收益仍处于较好水平

据对全国 500 个县集贸市场定点监测，全年活猪平均价格为 15.36 元 / 千克，同比下跌 12.3%（图 4）。虽然猪价高位回落，但总体处于成本线以上。据对全国 8000 个养猪效益户监测，2017 年每出栏一头商品肥猪平均销售收入为 1859 元，

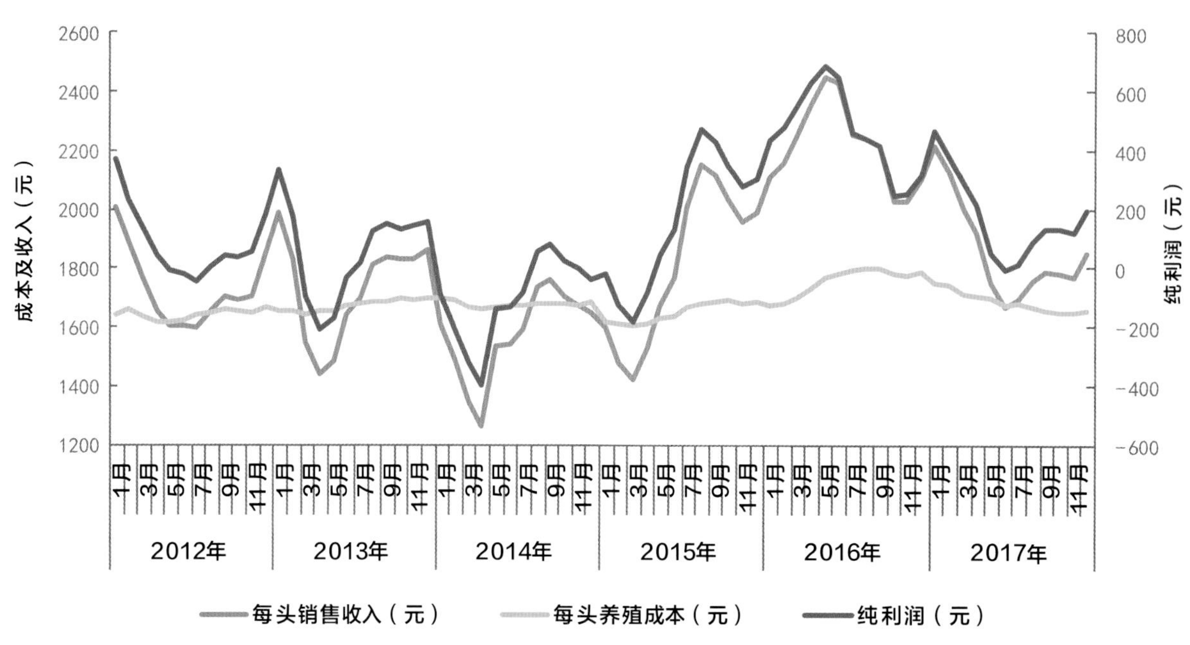

图 5　2012—2017 年生猪养殖头均纯利润变动趋势（元/头）

平均出栏成本为 1687 元，平均获利 172 元，同比减少 310 元，虽然养猪收益较 2016 年明显下降，但仍高于 2012—2016 年 132 元的平均盈利水平（图 5）。如果说 2016 年是“金猪年”，那 2017 年应该说是难得的“银猪年”。

（五）猪肉进口量有所下降，出口量增加

2017 年我国生猪产品进口量 249.96 万吨，同比下降 19.7%（图 6）；出口量 28.93 万吨，同比增长 6.1%；全年贸易逆差 21.46 亿美元，同比下降 53.6%。在进口产品中，鲜冷冻猪肉和猪杂碎进口量分别为 121.68 万吨和 128.17 万吨，同比分别下降 24.9% 和 14.1%，分别占总进口量的 47.8% 和 51.3%。主要进口国为美国、德国、西班牙、丹麦、加拿大、波兰、法国和智利，主要出口地区为香港。

二、2018 年生猪生产形势展望

（一）环保因素影响仍将持续

按照《水污染防治行动计划》，2017 年是禁养区内畜禽养殖场拆迁的最后一年，受此影响不少规模猪场彻底退出，非正常淘汰的能繁母猪，将会对 2018 年的市场供应产能有一定影响。按照《国务院办公厅关于加快推进畜禽养殖废弃物资源化利用的意见》，到 2020 年，规模养殖场粪污处理设施装备配套率达到 95% 以上。可以预见，环保因素影响将持续到 2020 年以后，将对生产方式和产业发展模式产生深远影响，成为长期约束因素和基本准入门槛。2018 年是畜禽养殖粪污治理全面铺开的一年，对产能恢复的约束

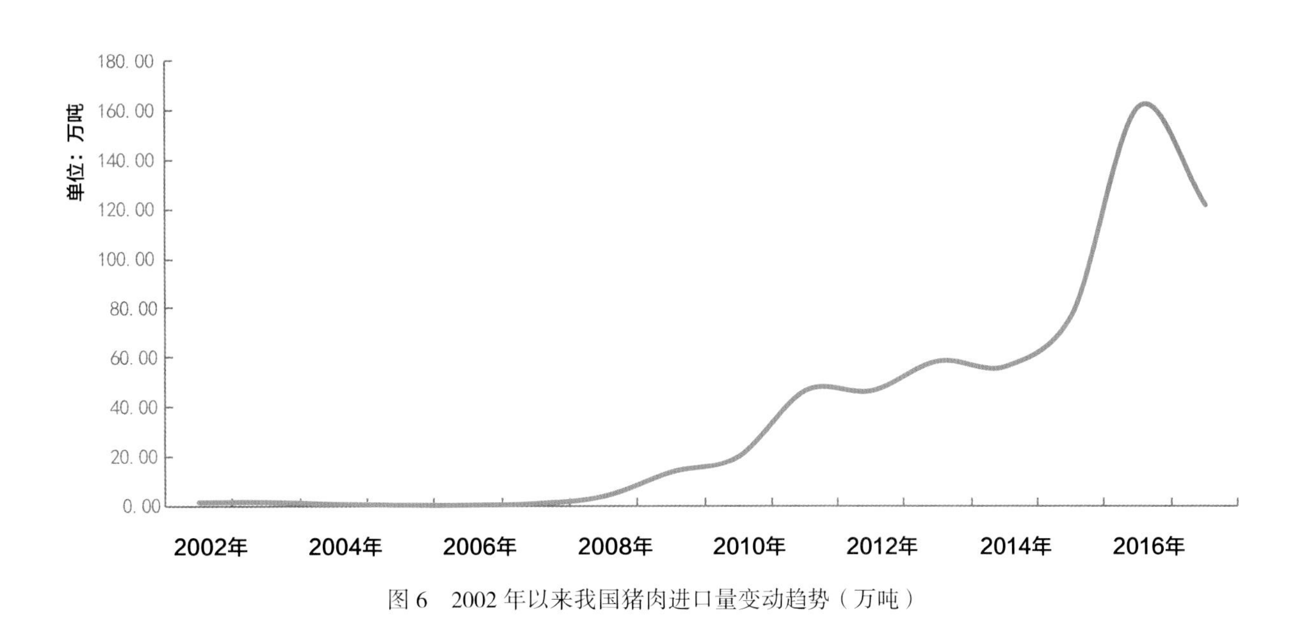

图 6　2002 年以来我国猪肉进口量变动趋势（万吨）

性影响仍然较大。

（二）大型养猪企业产能逐渐释放

近几年南方水网地区受禁养限养影响较大，加上散养户刚性退出，腾出部分市场空间，一些大型养猪企业加快布局、抢占市场，全国生猪养殖结构加快调整。据对东北四省区、山西、陕西等地监测，2016 年以来共新建大型规模猪场 318 个，2017 年共出栏生猪 600 万头左右，约占计划产能的 1/4。虽然新增产能释放步伐比预期要慢，但产能增加趋势已定，预计 2018 年产能释放步伐将有所加快，达到 1200 万头左右。

（三）散养户继续退出、规模养殖户补栏谨慎

在这一轮周期调整中，能繁母猪存栏量下降持续时间超出预期，但超长盈利周期并未导致生猪产能的迅速恢复，除环保因素外，散养户退出、规模场户补栏谨慎是重要原因。究其原因，一是粪污治理政策和环保税尚未落地，很多养殖场户谨慎观望，增养后怕被拆、被压减；二是过去几年的反复行情，使得养殖户在猪价出现调整时，表现出担忧情绪，对后市信心不足；三是农民对生活环境改善的需求增强，很多中小规模养殖户退出生猪养殖。预计 2018 年散养户还将持续退出，规模场户补栏仍将谨慎理性。

（四）预计全年生猪养殖仍有望盈利

按以往周期性波动规律，在连续 2 年较好行情后，继续盈利的可能性不大。但本次波动周期有所不同，环保因素不仅影响当前的市场供应，而且对整个养猪业区域布局、生产结构和生产方式也会产生深远影响，将形成新的生产方式、生产结构和区域布局，因此，影响时间会比较长，

这是本轮超长波动周期的主要原因。从基础产能看，据监测，2017 年能繁母猪淘汰量同比增长 53.4%，600 家定点监测种猪场二元母猪销量同比下降 0.7%；年末全国能繁母猪存栏仍处于历史低位，综合考虑母猪繁殖性能提升、出栏体重提升、年初低温导致仔猪存活率下降等利好和不利因素，预计 2018 年猪肉市场供应不会出现明显增长。从外部因素看，2018 年猪肉进口可能会进一步下降，但不会大幅下降；受实体经济去产能和制造业机器人化影响，猪肉消费需求出现明显恢复的可能性不大，可能仍将延续小幅下降的势头。综合判断，2018 年上半年可能会出现季节性阶段性价格下降，全年平均价格可能维持成本价以上，保本微利。

2017 年蛋鸡产业发展形势及 2018 年展望

摘　要

2017 年是蛋鸡养殖业惊心动魄的一年，蛋价和产蛋鸡存栏量大幅波动。受 3 年一个周期思维的影响（2014 年蛋鸡养殖收益良好），2016 下半年蛋鸡补栏过多，同时受年初人感染 H7N9 疫情影响，导致 2017 年上半年鸡蛋产量过剩，消费量下降，出现严重供过于求的局面，鸡蛋价格创近 10 年新低。鉴于鸡蛋价格压力，2017 年上半年养殖户大量淘汰蛋鸡，同时减少雏鸡补栏，产能极速调整，鸡蛋产量快速下降，至 2017 年 7 月鸡蛋价格触底快速反弹，并在中秋节的拉动下，下半年持续高位运行。

截至 2017 年年底，产蛋鸡存栏同比下降 13.6%，处于历史低位。全年鸡蛋产量同比下降 6.8%；全年平均鸡蛋价格每千克 6.52 元，同比下降 7.4%；每只产蛋鸡全年累计收益为 3.12 元，同比下降 74.6% [1]。

一、2017 年蛋鸡产业形势分析

（一）蛋种鸡产能依然过剩

由于我国蛋种鸡自主育种实力较强，保证了种源供应。2017 年，在产祖代种鸡平均存栏同比增加 6.67%（图 1）。

2017 年上半年蛋鸡养殖深度亏损，养殖户大量淘汰蛋鸡并且减少补栏，蛋雏鸡销售低迷，导致父母代（图 2）和商品代（图 3）鸡苗价格大幅下跌，一度分别跌至每套 3.71 元和每只 2.23 元，为近 5 年历史最低水平。

（二）商品代蛋鸡产能过度调整

由于 2014 年是蛋鸡养殖户效益丰收年，按照 3 年一个周期的经验，预估 2017 年效益良好。为此，2016 年蛋鸡养殖户疯狂补栏，导致 2016 年第四季度和 2017 年年初产蛋鸡存栏急剧增加（图 4），达到近四年最高水平；同时，人感

1　本报告分析判断主要基于全国 11 个省 100 个县（市）的 500 个定点监测行政村、蛋鸡年存栏 5 万只以上的规模养殖场、1480 户定点监测蛋鸡养殖场（户）等监测资料

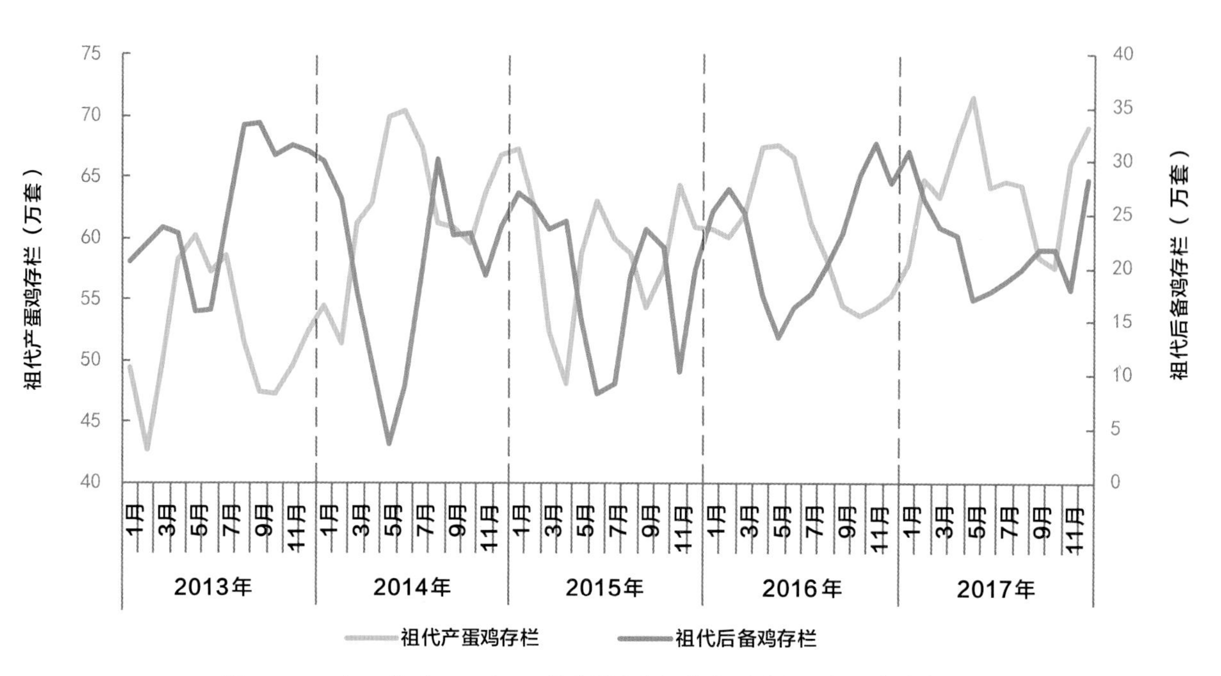

图 1　2013 年 1 月至 2017 年 12 月监测企业祖代产蛋鸡和后备祖代鸡存栏量

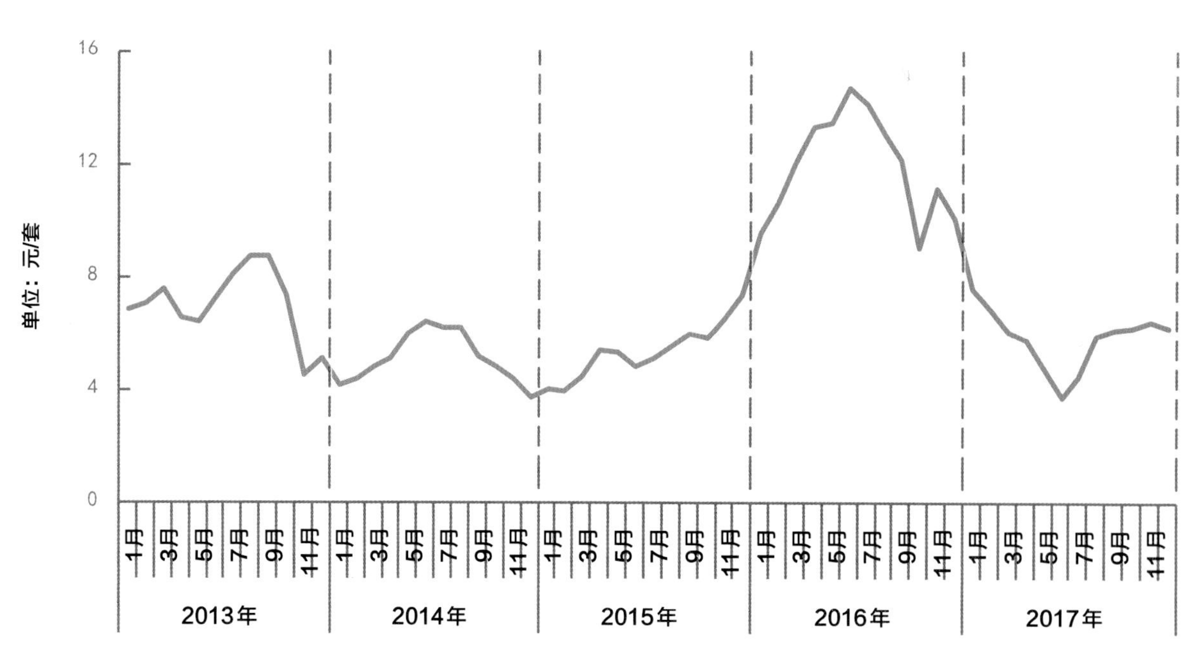

图 2　2013 年 1 月至 2017 年 12 月监测企业父母代鸡苗价格

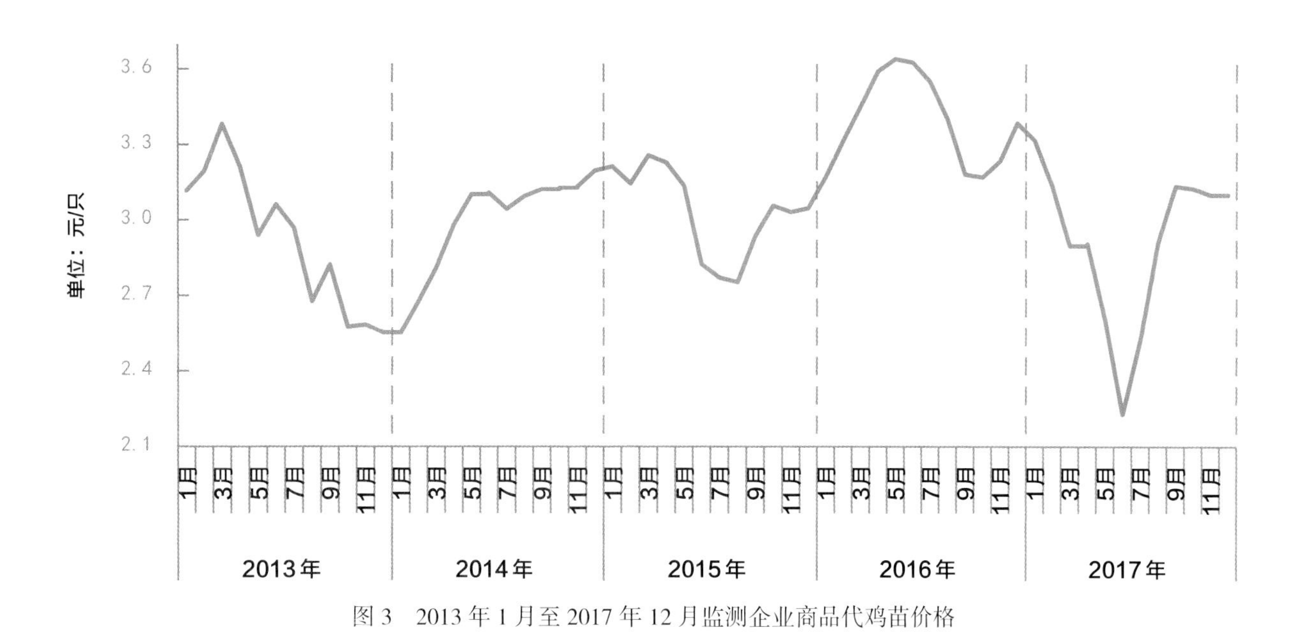

图 3　2013 年 1 月至 2017 年 12 月监测企业商品代鸡苗价格

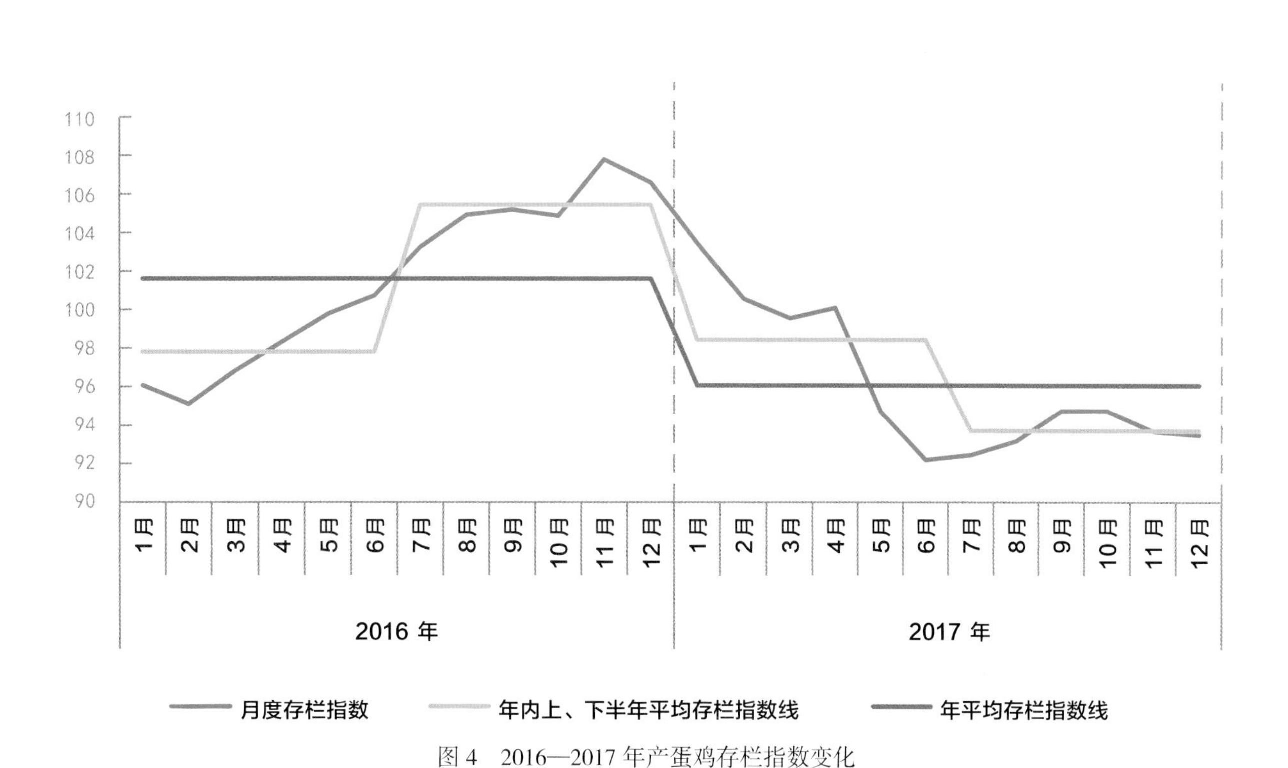

图 4　2016—2017 年产蛋鸡存栏指数变化

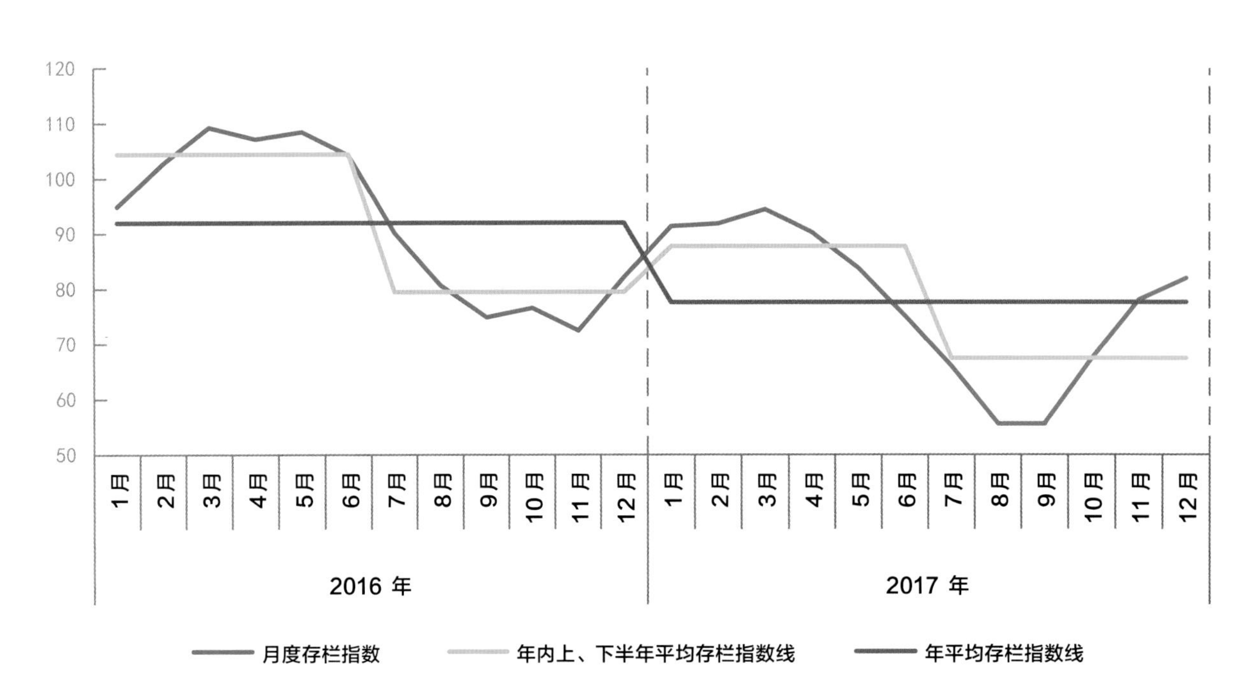

图 5　2016—2017 年后备鸡存栏指数变化

染 H7N9 疫情造成鸡蛋消费骤减，淘汰鸡出路受阻，鸡蛋市场供应严重过剩，鸡蛋价格断崖式下跌，蛋鸡养殖严重亏损。在严重亏损压力下，养殖户迅速调整产能，减少补栏、扩大渠道加速淘汰产蛋鸡，蛋鸡存栏在 5、6 月迅速减少。到 2017 年 6 月，市场供应过剩局面明显好转，鸡蛋价格开始稳定回升。8 月鸡蛋价格达到较高水平。同时，受行情带动，后备鸡存栏（图 5）开始上升。2017 年产能调整迅速，年末产蛋鸡存栏同比下降了 13.6%。

（三）鸡蛋和淘汰鸡价格上演过山车行情

鸡蛋价格与淘汰鸡价格起伏跌宕，上半年低至跳楼价，而下半年高歌猛进，稳中攀升（图 6）。据农业农村部定点监测，2017 年主产区鸡蛋平均价格每千克 7.01 元，同比下降 8.6%。其中 5 月鸡蛋价格跌至每千克 4.98 元，创近 20 年新低；12 月鸡蛋价格为每千克 9.28 元，比 5 月上涨 86.3%。2017 年定点监测养殖场户淘汰鸡平均价格每只 15.49 元，同比下降 17.5%。其中 5 月淘汰鸡价格跌至每只 10.78 元，为近年最低水平。

（四）饲料成本和鸡蛋成本有所下降

饲料价格处于历年较低水平。蛋鸡养殖成本总体低于过去 4 年。2017 年鸡蛋饲料成本和生产总成本（图 7）同比均下降，2017 年平均饲料成本为 5.43 元 / 千克，鸡蛋生产成本为 7.15 元 / 千克，同比均下降 2.1%。同时，单产提高、死淘率降低、养殖效率提高也有利于养殖成本的降低。

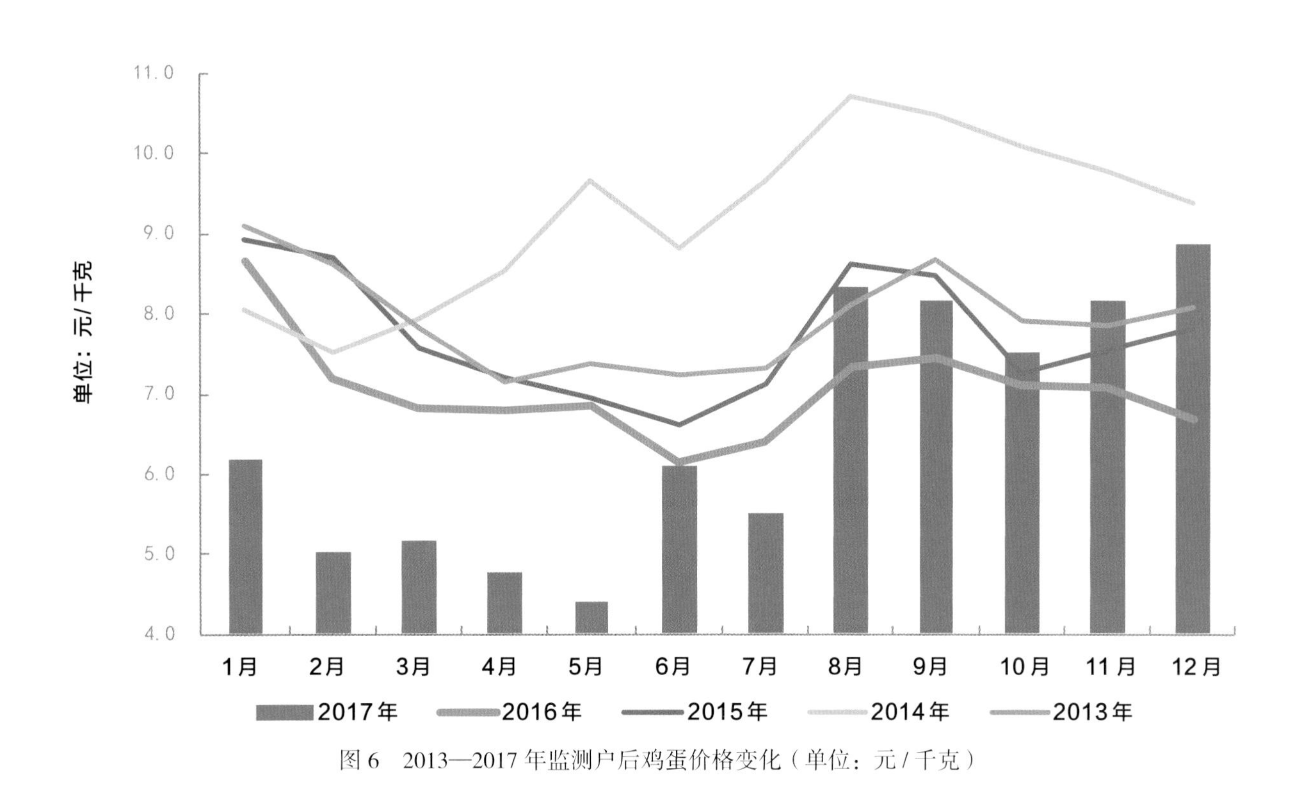

图 6　2013—2017 年监测户后鸡蛋价格变化（单位：元 / 千克）

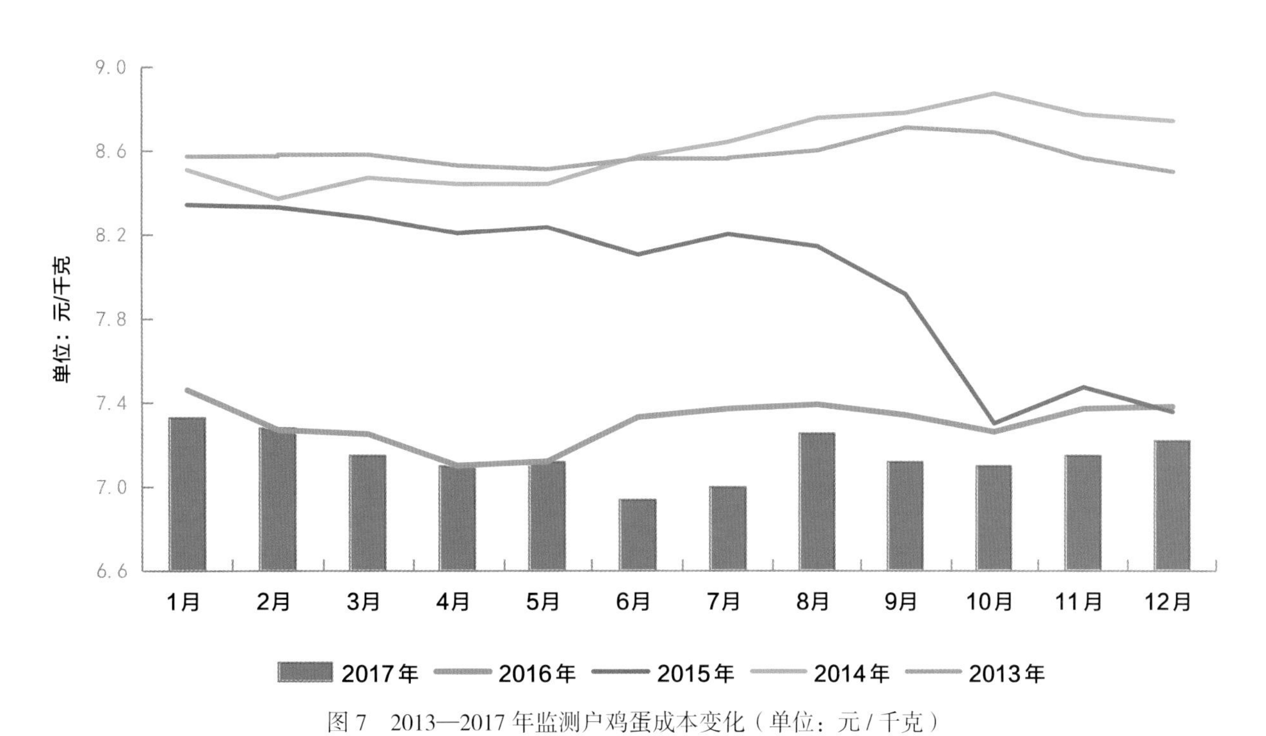

图 7　2013—2017 年监测户鸡蛋成本变化（单位：元 / 千克）

（五）商品代蛋鸡养殖全年实现扭亏

2017 年蛋鸡养殖以亏损开年，1—7 月连续 7 个月亏损，每只产蛋鸡累计亏损 11.28 元；8 月蛋鸡养殖开始盈利（图 8）。全年累计，每只产蛋鸡可获利 3.12 元，

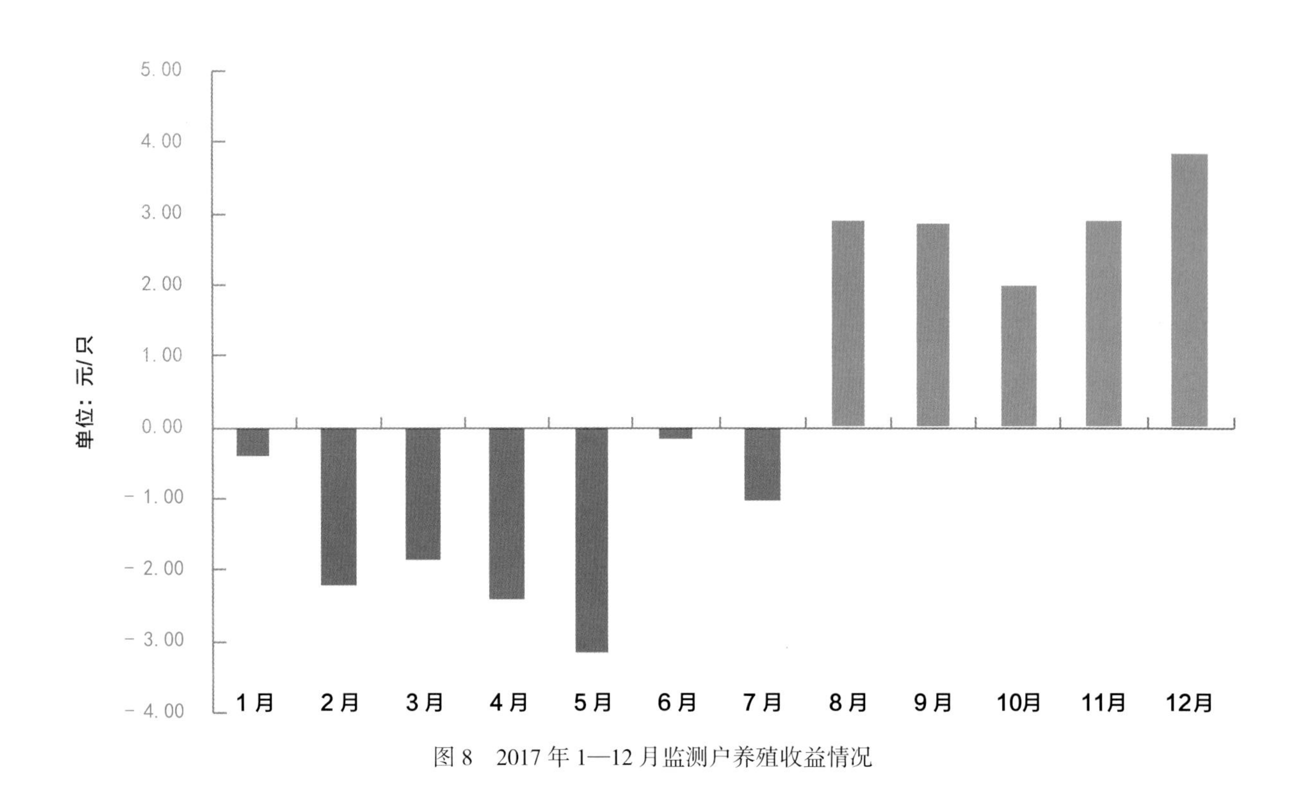

图 8　2017 年 1—12 月监测户养殖收益情况

同比减少 9.18 元，实现扭亏为盈，但远低于近年平均水平 13.27元，处于微利水平。

二、2018 年蛋鸡生产形势展望

（一）种源供应有保障

2017 年年末在产祖代种鸡存栏 68.96 万套，产能充足；父母代种鸡存栏 847.12 万套，同比增长 16.5%，预计 2018 年商品代蛋鸡种源充足有保障。

（二）蛋鸡存栏量在较低水平稳步增加

2017 年蛋鸡产业结构调整较大，虽然第四季度蛋鸡补栏开始恢复，但年末产蛋鸡存栏仍处于历史较低水平，产能恢复仍需一定时间。预计 2018 年上半年鸡蛋价格仍将保持历史同期相对高位，养殖效益较好；下半年随着鸡蛋市场供应的逐步增加，价格将有所回落，但如果不出现重大疫情，全年总体养殖效益较好。

（三）消费驱动品牌鸡蛋市场

近几年，消费者食品安全意识增强，蛋品安全问题受到消费者广泛关注，随着蛋鸡产业规模化发展，这将促使企业更加注重养殖技术环节和企业规范管理，进行品牌营销。市场上品牌鸡蛋企业逐渐增加，成本虽然较高，但价格也相应较好，大多数企业处于盈利状态。消费者对生活品质提高的需求越来越强烈，促使品牌鸡蛋的发展之路逐渐打开。

2017 年肉鸡产业发展形势及 2018 年展望

摘　要

2017年我国肉鸡生产产能明显调减，但消费市场总体低迷，产能调整及市场供需平衡过程仍在持续。总的来看，2017年鸡肉市场供需呈剪刀形变化趋势，年末市场消费有所恢复，养殖效益提升，让人看到了产业复苏的希望；但仍存在行业集中度不高、无序生产者众多、消费市场不景气、疫情威胁等不利因素。

祖代种鸡生产总体平稳，白羽肉鸡全年祖代在产存栏维持在 80 万套左右，黄羽祖代鸡存栏同比下降 6%。肉鸡生产进入全品类自主供种时期。

父母代种鸡产能多次调整缩减，供需趋于平衡。白羽肉鸡在产父母代种鸡年均存栏 2929 万套，同比下降 5.9%。黄羽肉鸡在产父母代种鸡年均存栏 3491.5 万套，同比下降 4.9%。

全年商品代肉鸡出栏 78.9 亿只，同比下降 6.4%；鸡肉产量 1241 万吨，同比下降 3.2% [1]。

一、2017 年中国肉鸡业——影动参差里，光分缥缈中

（一）祖代种鸡生产总体平稳，再次进入全品类自主供种时期

2017 年 7 月，山东益生种畜禽股份有限公司第一批 4 万套白羽肉鸡祖代鸡开始供种，我国在阔别白羽肉鸡曾祖代 15 年之后，终于结束了白羽肉鸡祖代鸡全部依赖引种的历史，再次进入肉鸡全品类可自主供种的时期。目前，肉鸡两大主要品类之一的黄羽肉鸡完全自主育种供种，另一品类“小白鸡（原肉杂鸡）”也将受益于白羽肉鸡自主供种，获得可持续性发展的基石，有望摆脱父系种源不稳定的束缚，获得进一步发展空间。

1. 白羽肉种鸡：渡过种源危机，进入自主供种时期

2017 年，国内祖代种鸡更新量达到 68.71 万套，同比增长 7.6%；且今后可保证每年提供不少于 80 万套，白羽肉鸡产业将不会受制于国外种源供应的中断。随

1　本报告分析判断主要基于 86 家种鸡企业生产情况和 251 个肉鸡养殖县中 1147 家定点规模化养殖场成本收益等数据

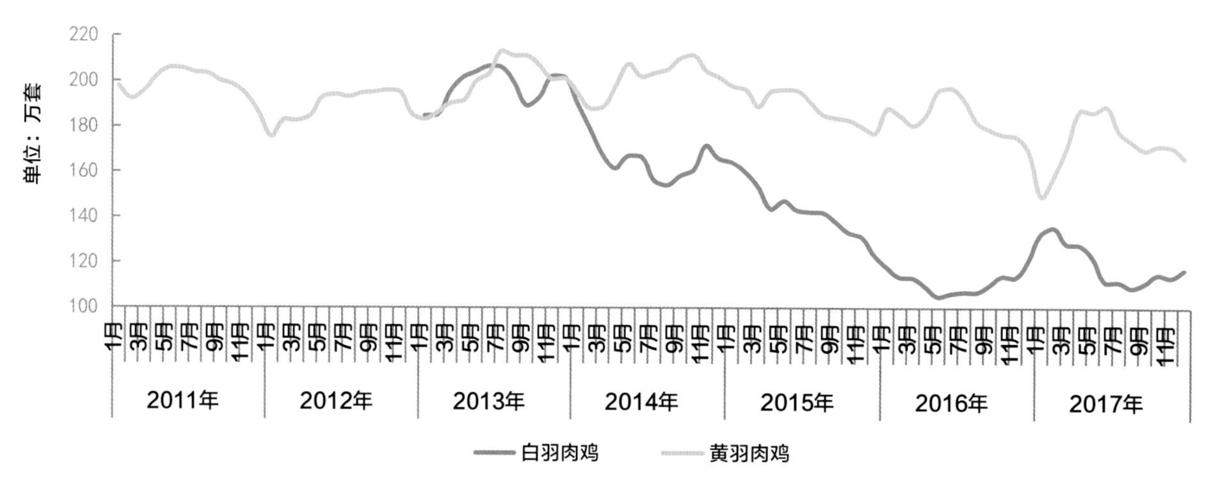

图 1　2011—2017 年祖代存栏数量变化趋势

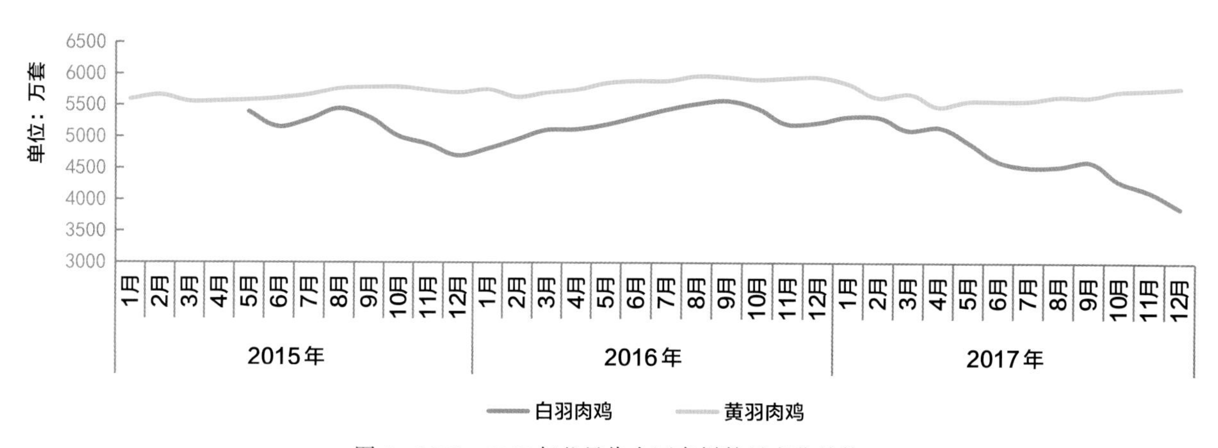

图 2　2015—2017 年父母代全国存栏数量变化趋势

着曾祖代种鸡的引进并开产，国内白羽肉鸡育种事业也将获得进一步推动。

全年祖代白羽肉种鸡平均存栏 119.6 万套，同比增长 7.3%（图 1）。其中，在产存栏 79.4 万套，后备存栏 40.2 万套。父母代种鸡供应稳定。

全年父母代种鸡平均存栏约 4184.3 万套（图 2），其中在产 2929 万套，同比下降 5.9%。由于 2016 年父母代种鸡收益较好，导致 2017 年市场预期过高，一季度的父母代在产存栏量一度超过 2015-2016 年的峰值。但整体鸡肉消费市场需求疲软，终端市场价格低迷，带动商品鸡雏价格一直在低位徘徊，父母代企业持续亏损。4 月和 10 月出现了两次产能大幅调整，在产存栏量从年初的近 3500 万套，已降至不足 2300 万套。

父母代雏鸡全年累计销售量为 4390 万套，同比下降 4.9%（图 3）。父母代雏鸡价格有 4 个月低于成本线，全年均价每

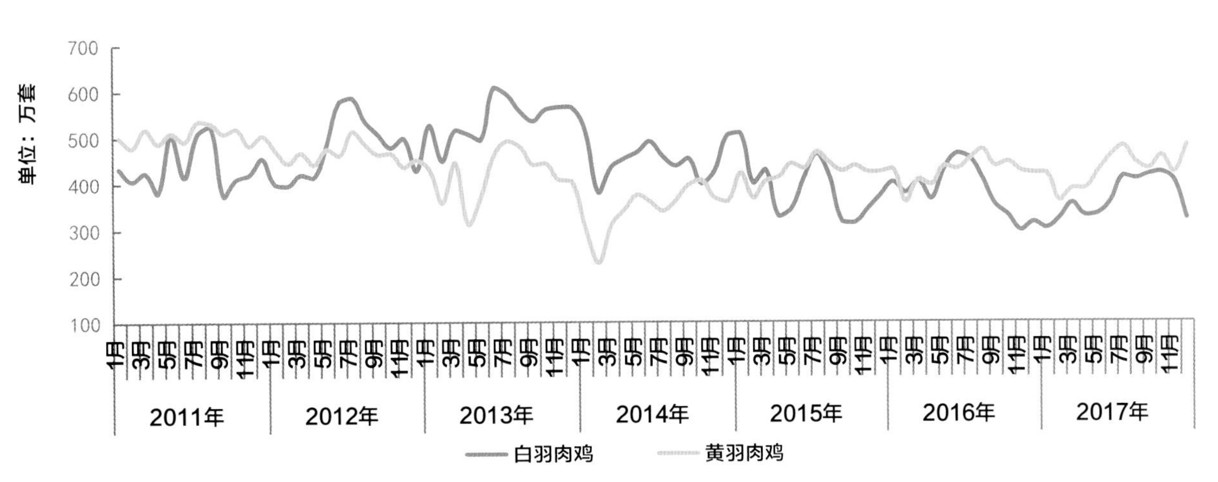

图 3　2011—2017 年父母代雏鸡销售数量变化趋势

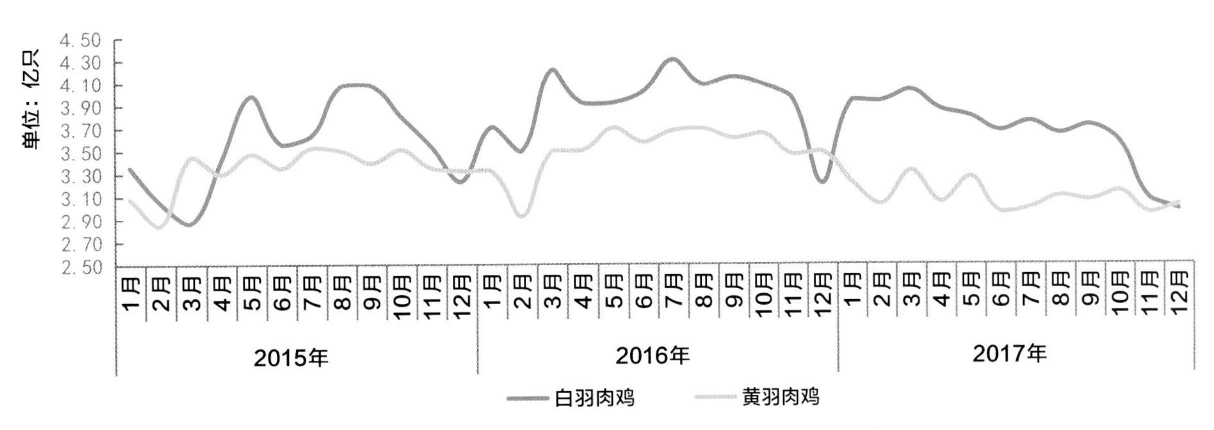

图 4　2015—2017 年全国商品代雏鸡销售数量变化趋势

套 25.62 元，同比下降 45%；全年平均每套祖代种鸡可实现获利 531.84 元，同比下降 68.1%。

2017 年全国商品代白羽肉雏鸡的销售量约 43 亿只，同比下降 6.6%（图 4）；全年平均销售价格每只 1.63 元，同比下降 52.8%；平均生产成本每只 2.21 元，同比下降 7.7%；平均每只商品代雏鸡亏损 0.58 元。全年平均每套父母代种鸡实际供应商品代雏鸡 147.8 只，累计亏损 83.64 元。

2. 黄羽肉种鸡：再启产能调整，压力依旧存在

2016 年产能的快速扩张和增产，造成 2017 年连续 6 个月的持续亏损和产品滞压。龙头企业被迫再启减产行动。祖代存栏下半年开始回落，父母代存栏同时开始逐渐减少，全年种鸡生产保本微利。

2017 年，全国在产祖代种鸡平均存栏量 121 万套，同比下降 6%（图 1）；在产父母代种鸡平均存栏量 3491.5 万套，

表 1　肉鸡出栏和肉产量情况

年度	白羽肉鸡			黄羽肉鸡			合计	
	出栏（亿只）	出栏重（kg/只）	产肉量（万吨）	出栏（亿只）	出栏重（kg/只）	产肉量（万吨）	出栏（亿只）	产肉量（万吨）
2011	44.0	2.24	738.8	43.3	1.75	492.3	87.3	1231.1
2012	46.9	2.30	818.9	43.0	1.68	471.0	89.9	1289.9
2013	45.1	2.30	784.3	40.7	1.76	464.9	85.8	1249.2
2014	45.6	2.40	804.9	36.6	1.78	423.8	82.2	1228.7
2015	42.9	2.32	745.0	37.4	1.83	445.7	80.2	1190.7
2016	44.8	2.37	797.6	39.5	1.89	485.1	84.3	1282.7
2017	42.0	2.48	781.0	36.9	1.92	460.1	78.9	1241.1

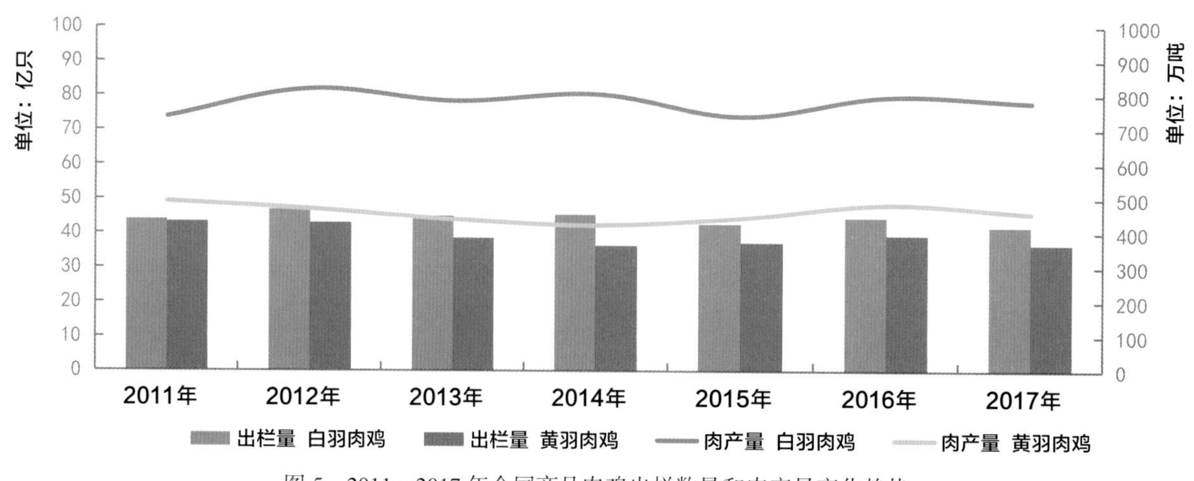

图 5　2011—2017 年全国商品肉鸡出栏数量和肉产量变化趋势

同比下降 5%。2017 年黄羽肉鸡生产结构变化明显，快速型占比降至 25.3%，中速型有所回升至 30.7%，慢速型也有所增加，约占 44%，总体呈“快减慢增”趋势。

父母代雏鸡销售量约 5161 万套，同比增长 1.1%（图 3）；平均价格每套 6.14 元，同比下降 6.7%。

商品代雏鸡销售总量 37 亿只，同比减少约 5 亿只，降幅为 11.9%（图 4）；平均销售价格每只 1.88 元，同比下降 0.39 元。虽然 1—7 月父母代种鸡生产持续亏损，但得益于后期效益改观，全年平均每套父母代种鸡盈利 0.75 元，实现扭亏微利。

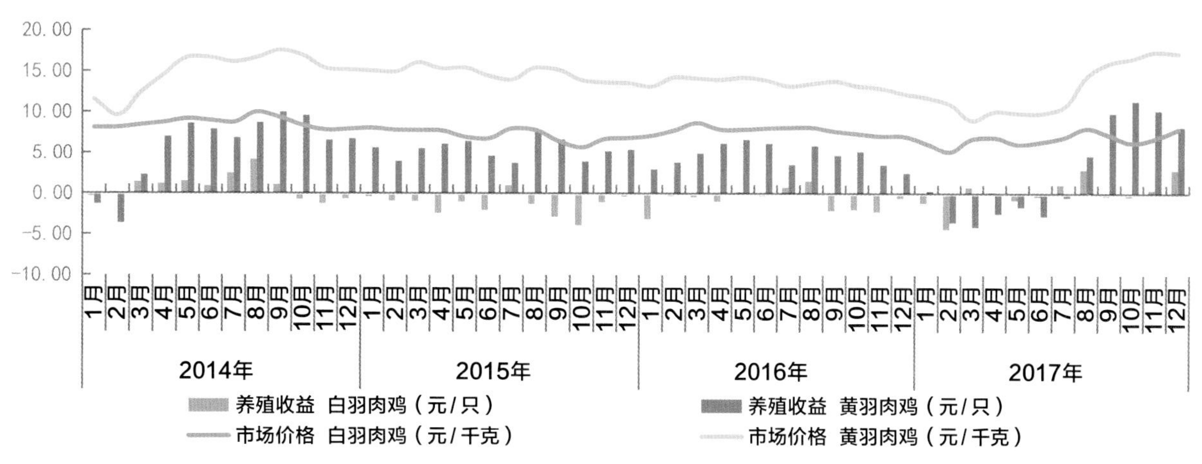

图 6　2014—2017 年全国商品肉鸡市场价格和养殖收益变化趋势

（二）肉鸡出栏量下降 6.4%，肉产量下降 3.2%

2017 年，全国商品代肉鸡出栏 78.9 亿只，同比下降 6.4%；肉产量 1241.1 万吨，同比减少 3.2%。其中，白羽肉鸡出栏 42.0 亿只，下降 6.2%；平均出栏体重 2.48 千克，同比增长 4.4%；肉产量 781 万吨，下降 2.1%。黄羽肉鸡出栏 36.9 亿只，下降 6.7%；平均出栏体重 1.92 千克，同比增长 1.7%；肉产量 460 万吨，下降 5.2%（表 1、图 5）。

（三）商品代肉鸡养殖盈亏交替，总体仍有盈利

2017 年，商品代白羽肉鸡养殖盈亏交替，全年盈亏各有 6 个月，全年平均养殖收益每只 0.10 元。黄羽肉鸡养殖先亏后盈，春节后持续亏损 6 个月，之后一直处于高收益区间；全年盈亏同样各有 6 个月，全年平均养殖收益每只 2.42 元，同比下降 48.7%（图 6）。

（四）生产效率持续提升，饲料消耗减少 2.1%，生产资料消耗降低约 3%

2017 年，我国肉鸡养殖料重比为 2.28，同比下降 0.04 个点，饲料转化率同比提高约 2.1%。白羽肉鸡养殖料重比为 1.74，同比下降 0.05 个百分点；黄羽肉鸡综合料重比为 2.78，同比下降 0.03 个百分点（图 7）。

近年来我国肉鸡养殖水平呈现快速提高，肉鸡生产单位产出消耗逐渐减少。2015 年以前白羽肉鸡生产单位产出消耗比国际水平约高 20%。2017 年第三季度单位体重生产资料消耗指数（每千克鸡肉所消耗的生产资料数量）为 103.4，同比下降 3.54 个百分点（图 8），接近国际水平。黄羽肉鸡对肉质要求较高，部分类型肉鸡养殖时间长，增重速度缓慢，单位产出消耗一直明显高于白羽肉鸡。但从不同生长速度类型黄羽肉鸡的生产数据看，各类型的单位体重生产资料消耗指数均呈现下降

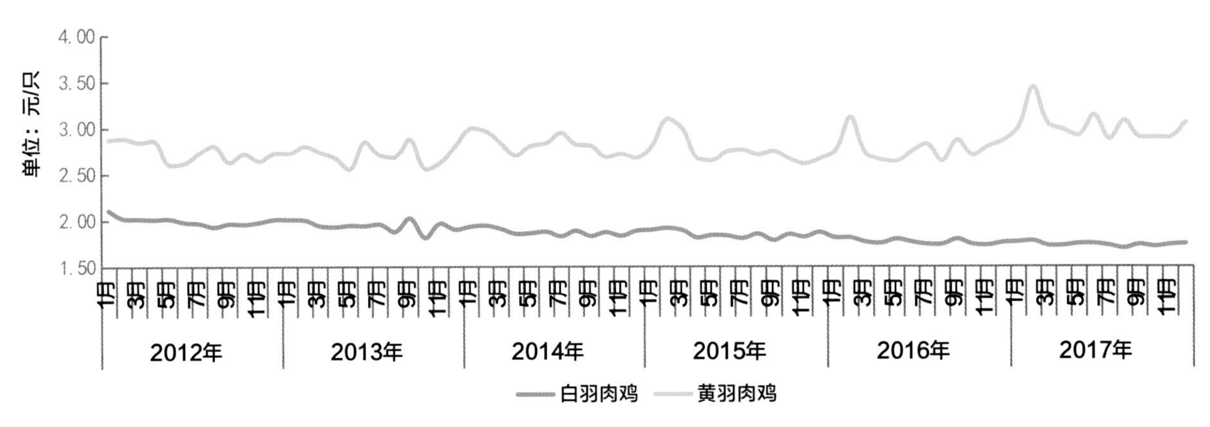

图 7　2012—2017 年全国肉鸡养殖料肉比变化趋势

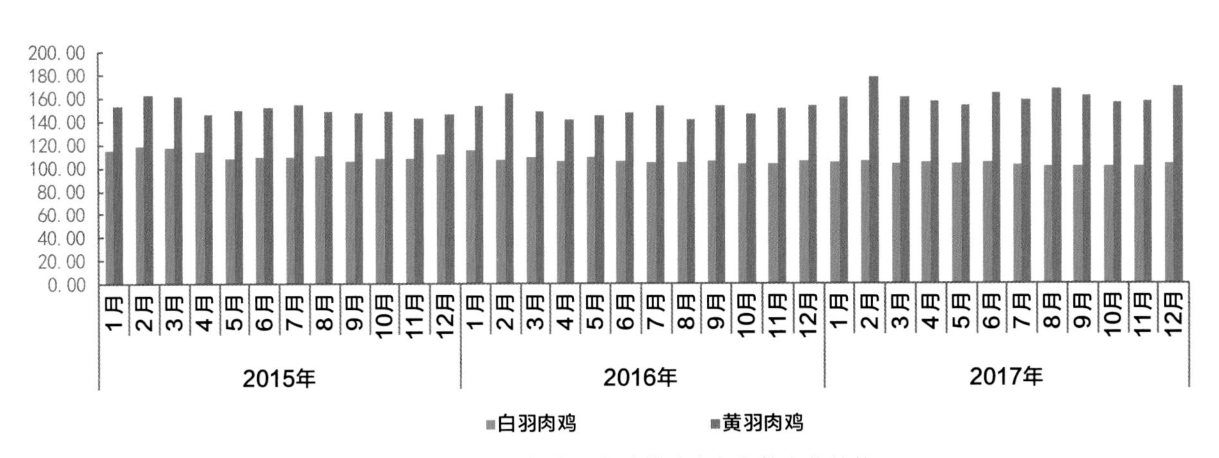

图 8　2015—2017 年全国肉鸡养殖成本指数变化趋势

趋势，主要原因是饲料转化效率和成活率均不断提升。

二、2018 年中国肉鸡业——日轮擘水出，始觉江面宽

2017 年，我国肉鸡业供给端不断调整产能缩减产量，追寻供需均衡；而消费端提振艰难、市场低迷，难觅增长契机。而价格“天花板”的不断下降，迫使产业不断改造升级，努力挖掘成本控制潜能；兼之环保升级等因素叠加影响，产业落后产能出清进程加快，供给侧结构性改革继续推进。

（一）产量震荡低位徘徊

2018 年，适应市场需求变化，肉鸡产业供给侧落后产能出清持续，逐渐靠近供需新平衡。消费提振仍然面临诸多阻碍，H7N9 疫情依旧是从业者难以忽视的“阴霾”。从业者持续的谨慎态度，有望避免产能的大幅反弹；“限活”与“休市”的措施，有望降低 H7N9 疫情的暴发概率。综合判断，产量仍将在低位震荡徘徊，较

2017 年可能有微幅增长，年出栏量估计在 80 亿只左右，产肉量 1250 万吨左右。全年肉鸡养殖可望实现较好盈利，填补前期亏损。

（二）科技推动产业变革

2017 年，可谓“互联网 +”肉鸡生产元年。肉鸡价格“天花板”的不断下降，迫使肉鸡养殖加快技术创新，降低生产成本，成效十分显著，整体养殖效率不断提升。例如，福建圣农推出肉鸡养殖 4.0，青岛电科推出孵化 4.0，均已将“互联网 +”技术引入到肉鸡生产中，并已体现出明显的成本控制优势。

2018 年，肉鸡市场竞争依旧激烈而复杂，成本之争会继续延续，大型企业对科技的投入继续增加；而市场逐步向好，大型企业资金压力能得到缓解。可以预见，未来 2~3 年我国肉鸡产业的变革与调整将由科技来推动。

（三）育种加强新品呈现

白羽肉鸡曾祖代的引进，不仅使得我国白羽肉鸡在未来较长一段时间内可以自主供种，更重要的是让我国一度中断的白羽肉鸡育种工作重新启动。黄羽肉鸡选育方面，H7N9 疫情影响不断加剧，活禽市场不断减少，屠宰冰鲜将逐渐成为我国肉鸡销售的主要渠道等，都不断刺激着黄羽肉鸡育种企业的“神经”。针对屠宰冰鲜市场的育种工作已提上日程。

而随着我国鸡肉深加工的发展，在 20 世纪 80 年代末期就已出现的“817”肉杂鸡——肉蛋杂交鸡生产模式也受到众多育种企业的青睐，多家育种公司开展了类似的新型配套系育种研究工作。可以预见，一种全新的“肉杂鸡”——小白鸡将出现在肉鸡产业中。而白羽肉鸡育种工作的推进，将使得这种我国独创的特色品种获得持续性发展的基石。

（四）屠宰冰鲜得到发展

近几年 H7N9 疫情从未间断，使得消费量不断下挫，更重要的是消费者信心受挫。消费量的减少，加上不断升级的防控措施，生产企业均受到严重影响，损失巨大。而疫情影响时间不断延长，禁活区域不断扩大的现实，让生产企业也认识到肉鸡全面屠宰销售会逐渐临近，已由原来的观望态度，向积极应对转变。新品种选育、养殖技术研究、屠宰技术改进、深加工产品研发等都逐渐被关注，列入研发日程。

2018 年，将是我国肉鸡产业科技大变革的一年。

2017 年奶业发展形势及 2018 年展望

摘　要

2017 年是中国奶业深化供给侧结构性改革的一年。受进口冲击，国内落后产能加快出清，**奶牛存栏持续减少，生鲜乳产量下降，奶源自给率持续降低。奶牛养殖规模化比重持续提高，单产增加，生鲜乳价格略有回升，行业整体养殖效益有所好转，但仍处于历史较低水平**，加上部分乳企限收、拒收和捆绑销售，奶农卖奶时常困难、亏损严重。据对全国生鲜乳收购站监测，2017 年年末奶牛存栏同比下降 8.6%，生鲜乳产量同比下降 1.3%；奶牛年平均单产 6.8 吨，同比提升 7.1%；全年进口乳品折合生鲜乳产量 1503 万吨，占同期国内生鲜乳收购站产量的 80% 左右。全年平均每头产奶牛养殖效益 2720 元，同比增加 625 元。全年生鲜乳质量抽检合格率达到 99.8%，民族品牌消费信心逐步建立。

2018 年仍将是中国奶业转型升级的一年，在奶牛养殖、乳品加工和市场消费等方面仍面临较多困难。由于国内生鲜乳季节性供需矛盾仍然存在，国外乳品进口数量不减，生鲜乳阶段性供大于求，价格下跌的现象仍会出现，限收、拒收情况仍有可能发生。但随着奶业振兴计划、粮改饲等相关扶持政策的大力实施，以及种养加一体化循环农业模式的推广，奶牛养殖规模持续增长，奶牛单产水平将持续提升，乳品品牌效应逐步显现，消费信心逐步增强，奶牛养殖效益有望趋好[1]。

一、2017 年中国奶业艰难转型

（一）奶牛养殖形势不乐观

1. 奶牛存栏和生鲜乳产量逐年下滑，养殖效益不佳，奶农卖奶受制约

据对全国生鲜乳收购站监测，自 2011 年以来，奶牛存栏连续 7 年下降，累计降幅 27.9%，超过 90% 中小散户退出，过半生鲜乳收购站关闭（图 1）。2017 年年末奶牛存栏 490 万头（主要为荷斯坦奶牛，不含娟珊牛、褐牛等品种），同比下降 8.6%。其中，河北、内蒙古自治区、

1　本报告分析主要基于全国所有持证生鲜乳收购站、50 个奶牛大县、730 个奶牛养殖场户、90 个大规模牧场等数据

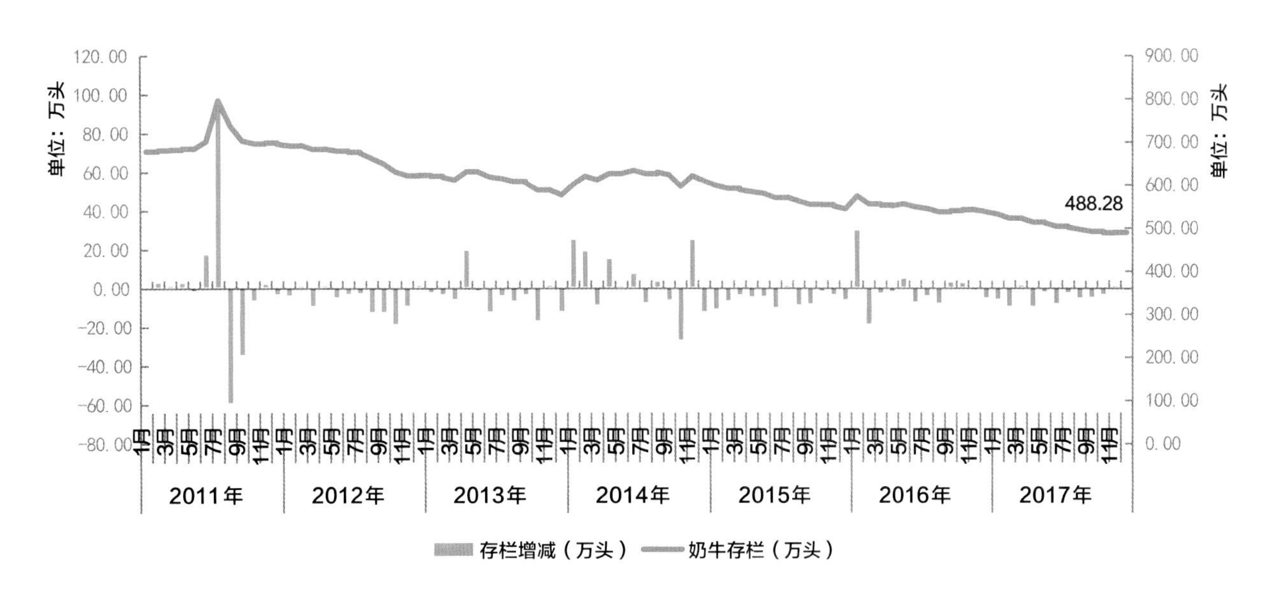

图 1　2011—2017 年奶牛存栏数

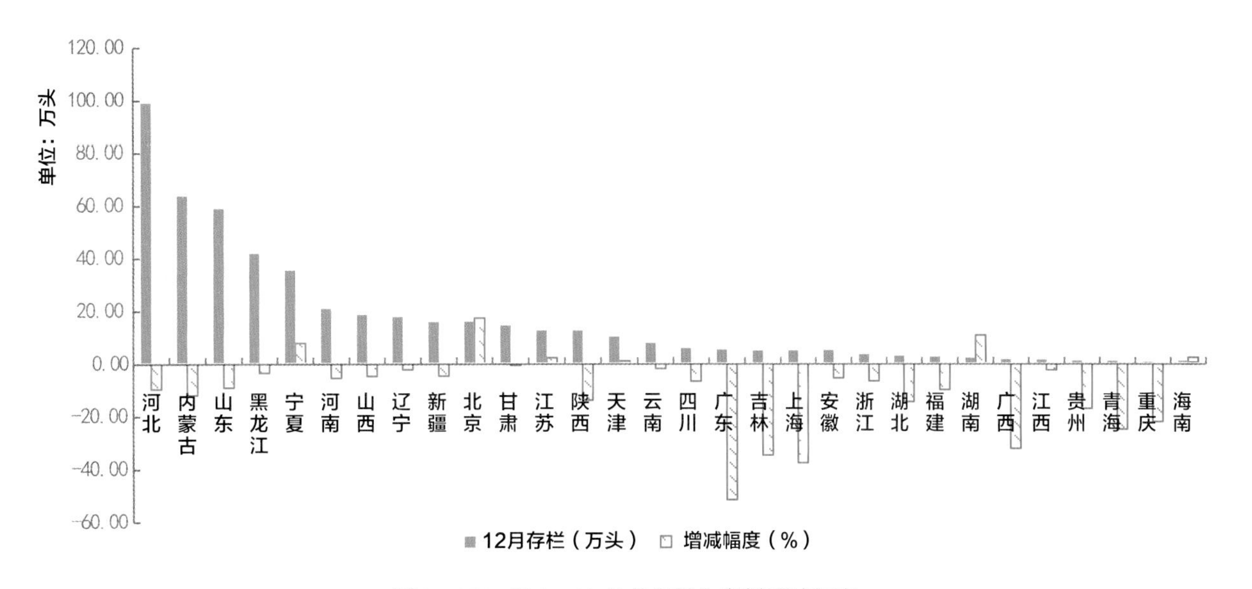

图 2　2017 年 1—12 月各省奶牛存栏增减幅度

山东、黑龙江 4 省自治区奶牛存栏占总存栏 54%，而南方各省奶牛总存栏仅占全国总存栏的 12%（图 2）。2017 年年末，监测范围奶牛养殖场（户）数 4.35 万个，同比下降 38.8%（图 3）；生鲜乳收购站 5125 个，同比减少 19.4%（图 4）。

生鲜乳产量同比下滑，区域供给明显，自给能力持续降低。据对全国生鲜乳收购站监测，2017 年生鲜乳产量 1881.4 万吨，同比下降 1.3%（图 5）。其中，河北、内蒙古自治区、山东 、宁夏回族自治区、黑龙江 、辽宁 、河南 、山西 、新疆维吾尔自治区、甘肃 、北京、天津、陕西 13 个省自治区生鲜乳产量占全国产量 87.0%，河北成为全国奶业第一大省，占比达到 19.8%（图 7）。受气温变化影响，

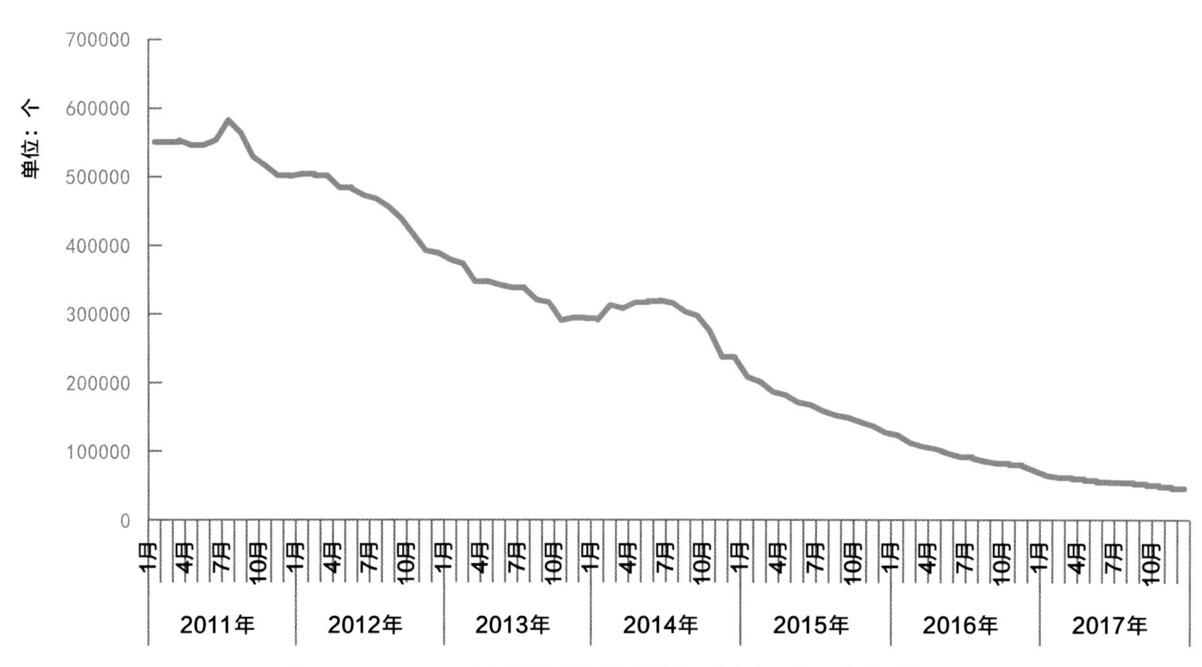

图 3　2011—2017 年生鲜乳收购站覆盖养殖场（户）数变化趋势

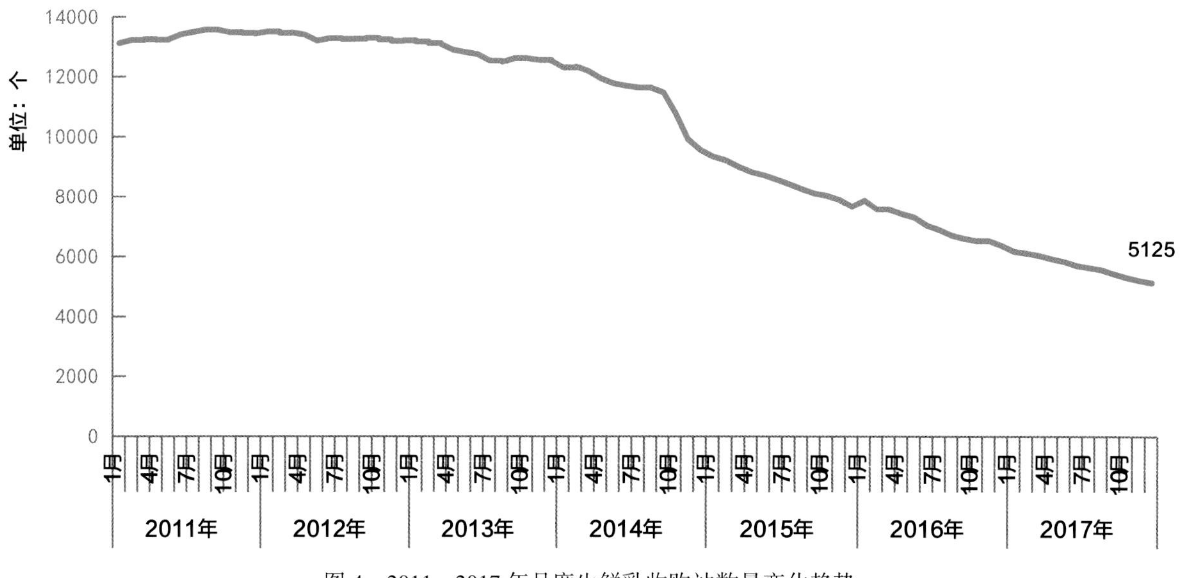

图 4　2011—2017 年月度生鲜乳收购站数量变化趋势

生鲜乳生产显现明显季节性，夏秋季节产奶量较低（图 6）。

生鲜乳价格低迷，养殖效益不佳，上半年限拒收现象严重，奶农卖奶制约因素收紧。2017 年全国生鲜乳平均收购价格为每千克 3.58 元，同比上涨 1.7%；全年价格走势与 2016 年基本相同（图 8）。其中，由于产奶高峰与消费低谷出现季节性供需错位，上半年生鲜乳价格持续下跌，部分乳企出现限收拒收和捆绑销售现象，

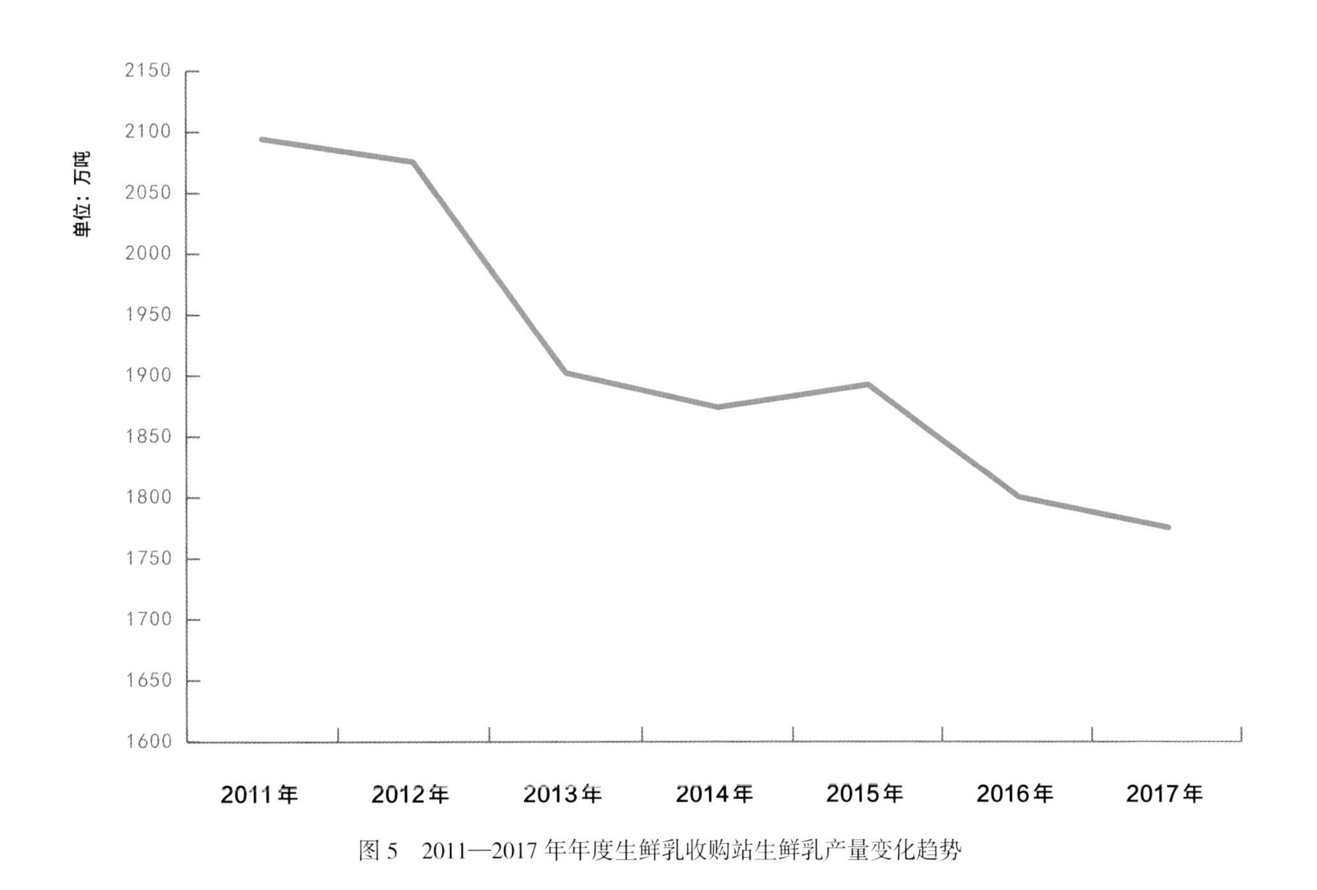

图 5　2011—2017 年年度生鲜乳收购站生鲜乳产量变化趋势

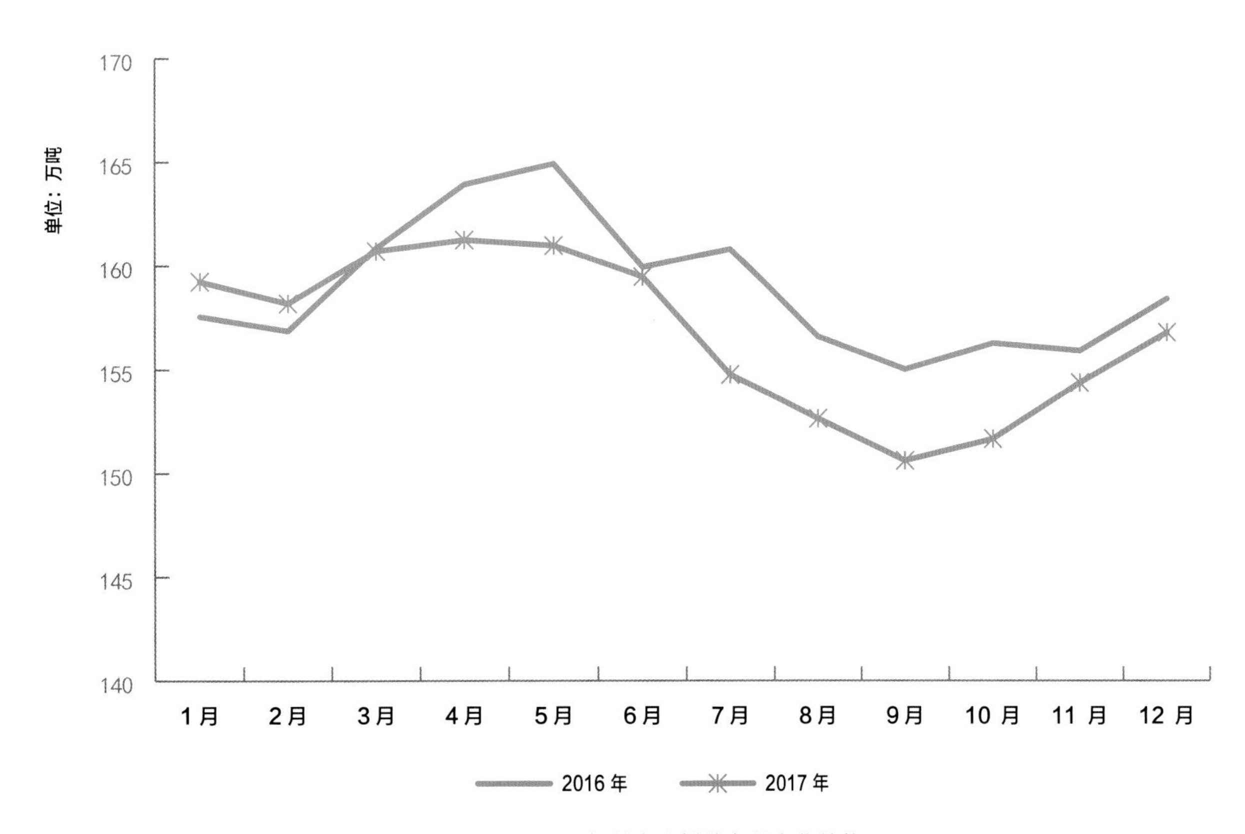

图 6　2016—2017 年月度生鲜乳产量变化趋势

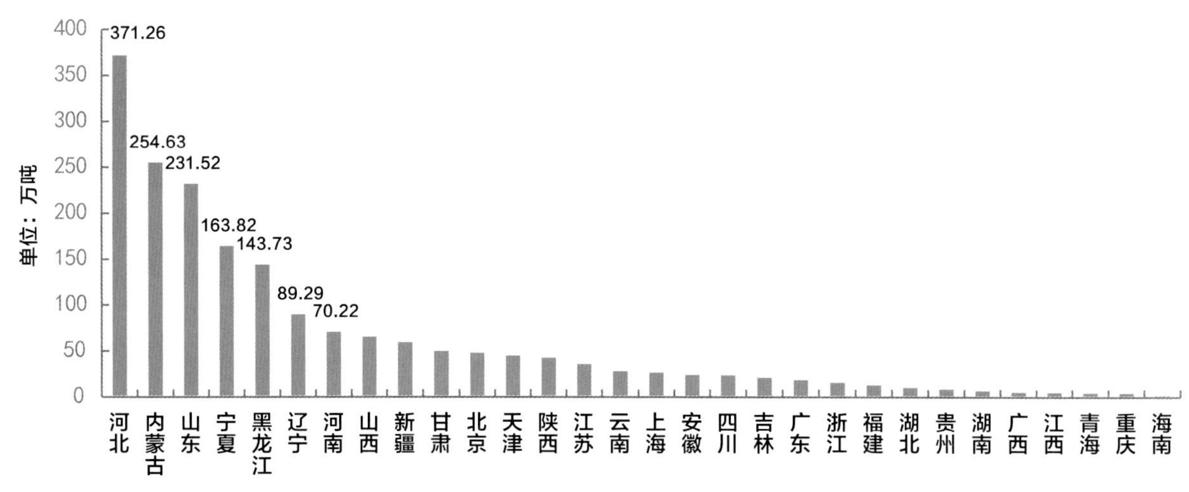

图 7　2017 年各省累计生鲜乳产量变化趋势

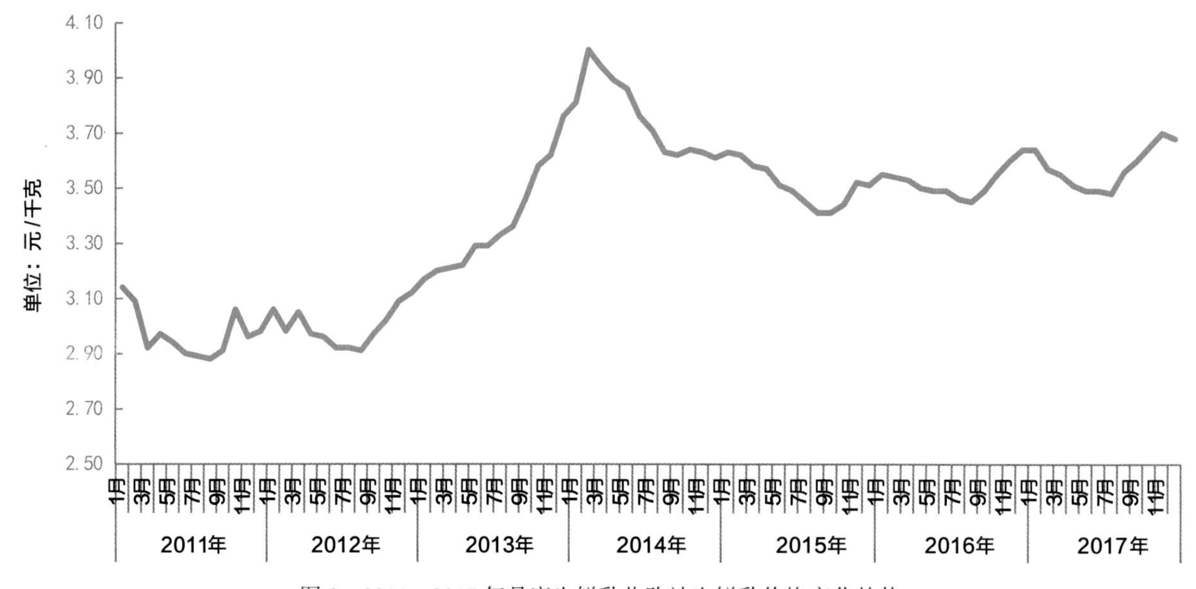

图 8　2011—2017 年月度生鲜乳收购站生鲜乳价格变化趋势

拒收比例高达 20%，被拒收的生鲜乳只能自销散卖或者喷粉低价卖出。不考虑限、拒收因素，2017 年上半年全国 44% 的养殖户亏损。2017 年平均产奶成本为每千克 3.18 元，同比下降 1.6%；每头成母牛年产奶量 6.86 吨，同比增长 7.2%；每头成母牛平均产奶收益约 2720 元，同比增长 30%，但仍处于近年较低水平。饲料成本的增加、限收拒收以及捆绑销售等是造成奶农收益不佳的主要原因。

2. 规模化养殖步伐加快，奶牛单产稳步提升，生鲜乳质量有保障

据监测，2017 年末养殖场户均存栏奶牛 113.6 头，同比增加 38 头。2011 以来，我国奶牛养殖规模化水平不断提高（图 9）。2017 年，存栏 100 头以上的奶牛规模养殖比重达到 56%，奶牛中小散养户逐渐退出或转型为规模化养殖（图 10）。

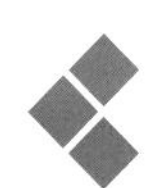

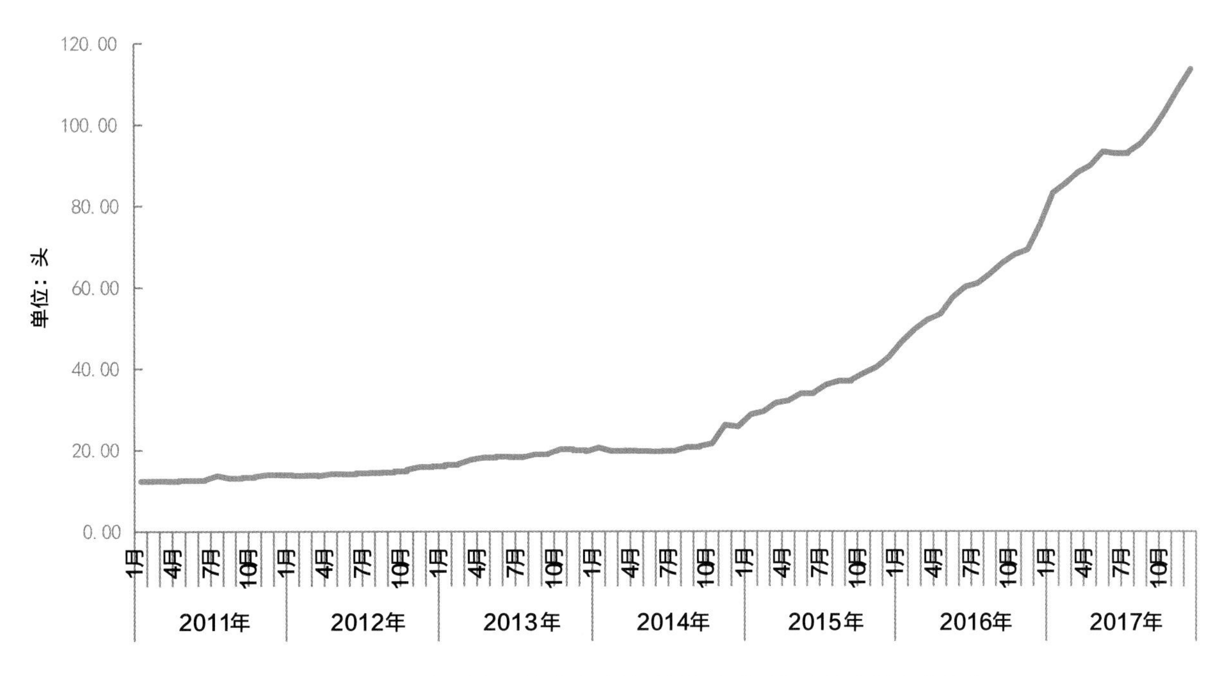

图 9　2011—2017 年月度生鲜乳收购站覆盖奶牛养殖场户均存栏变化趋势

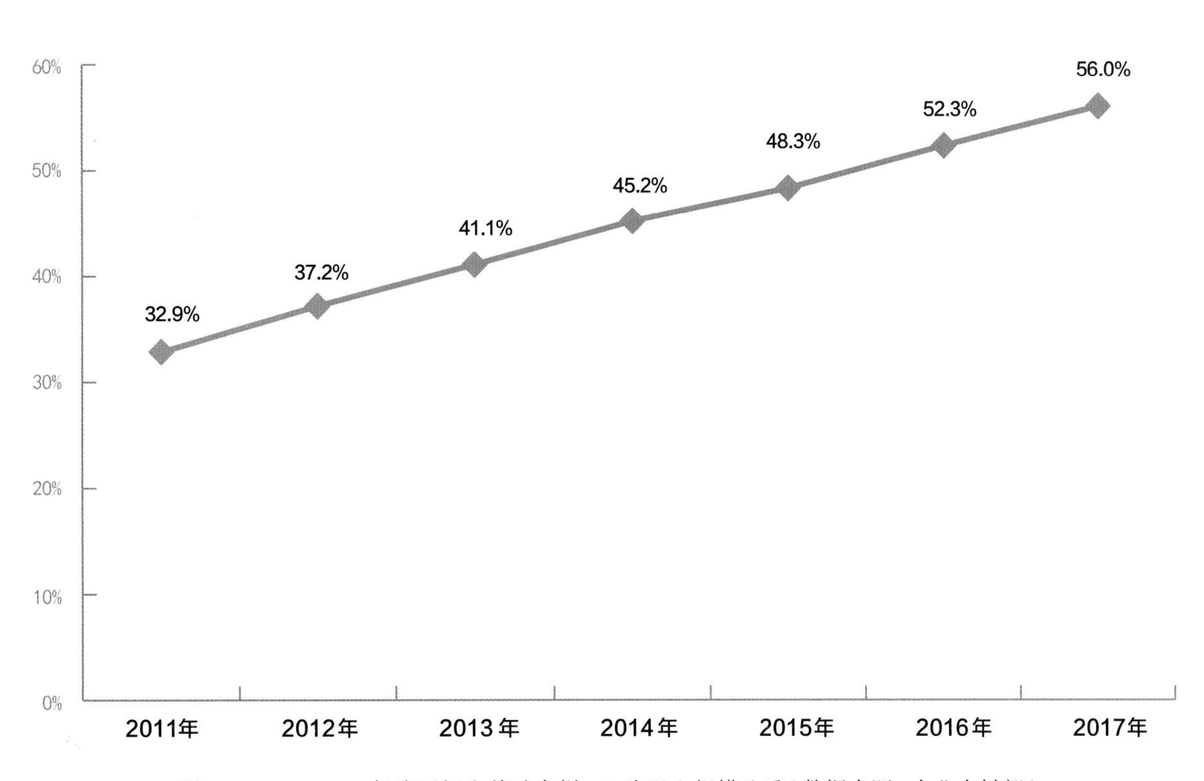

图 10　2011—2017 年我国奶牛养殖存栏 100 头以上规模比重（数据来源：农业农村部）

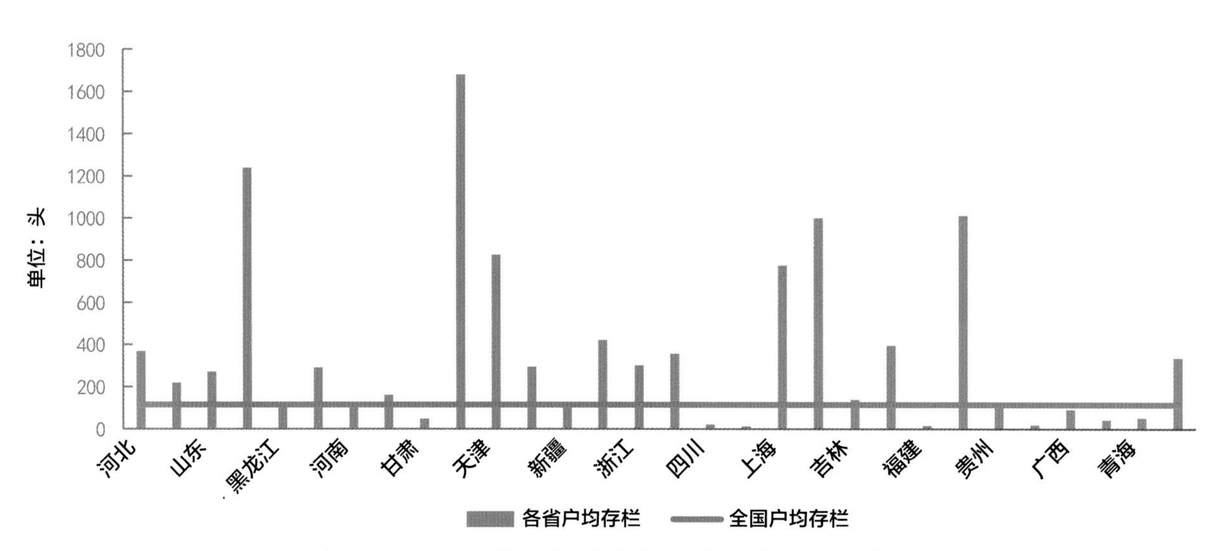

图 11　2017 年 12 月生鲜乳收购站覆盖各省养殖场户均存栏

其中北京、宁夏回族自治区、湖北、广东、上海、天津的规模化程度较高，户均存栏达到 600 头以上（图 11）。

生鲜乳质量安全水平持续提升。2017 年，生鲜乳抽检合格率达到 99.8%，三聚氰胺等违法添加物合格率连续 9 年保持在 100%，主要质量卫生指标均达到发达国家水平，生鲜乳质量安全水平大幅提升，消费信心逐步建立。

（二）乳制品加工生产经营明显好于养殖环节

1. 乳企产能增长，盈利增加

2017 年，国内乳制品总产量为 2935 万吨，同比下降 1.9%（图 13）。全国乳品加工业销售收入 3590 亿元，同比增长 2.5%。2017 年，进入统计范围的企业有 611 家，其中盈利企业 501 家，占比 80% 以上。

2. 进口奶粉占领过半市场

2013 年以来，国产奶粉产量持续下降。据国家统计局数据，2017 年国内奶粉产量 120.75 万吨，同比下降 13.1%。而进口奶粉自 2015 年之后再次呈现增长趋势，国内奶粉消费仍然依赖进口（图 14）。

（三）乳品进口持续大幅增长，冲击国内奶业

2017 年，我国进口乳制品 247.66 万吨，同比增长 13.6%，其中奶粉 103.91 万吨，同比增长 22.9%；鲜奶 66.76 万吨，同比增长 5.3%；乳清粉 52.7 万吨，同比增长 6.5%；其他乳品 24.3 万吨，同比增长 17.8%（图 15）。2017 年进口乳品折合生鲜乳约 1500 万吨，已超过全国生鲜乳收购站生鲜乳产量的 2/3。

二、2017 年国际奶业景气度好于中国

（一）欧美生鲜乳价格止跌回升

欧美生鲜乳价格止跌回升，按人民币折价同比均上涨。2014—2016 年上半

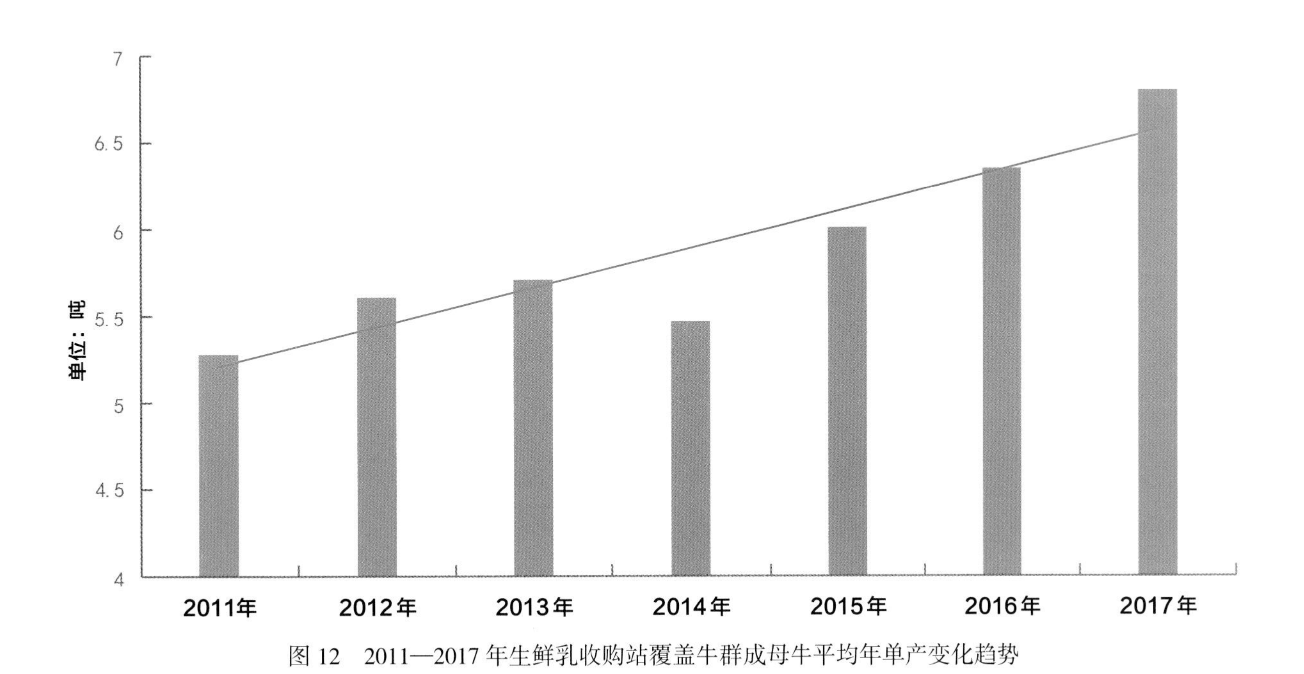

图 12　2011—2017 年生鲜乳收购站覆盖牛群成母牛平均年单产变化趋势

图 13　2011—2017 年全国乳制品总产量变化趋势（数据来源：国家奶牛产业技术体系）

年，国际生鲜乳价格持续下跌，最低跌至 1.47 元 / 千克，2016 年下半年开始逐步止跌回升。2017 年国际生鲜乳平均价格折合人民币每千克 2.41 元，同比上涨 31%（图 16）。其中，美国生鲜乳价格于 2017 年 4 月触底反弹，5 月价格回升，全年生鲜乳平均价格折合人民币为每千克 2.31 元，同比上涨 8.5%（图 16）；欧盟

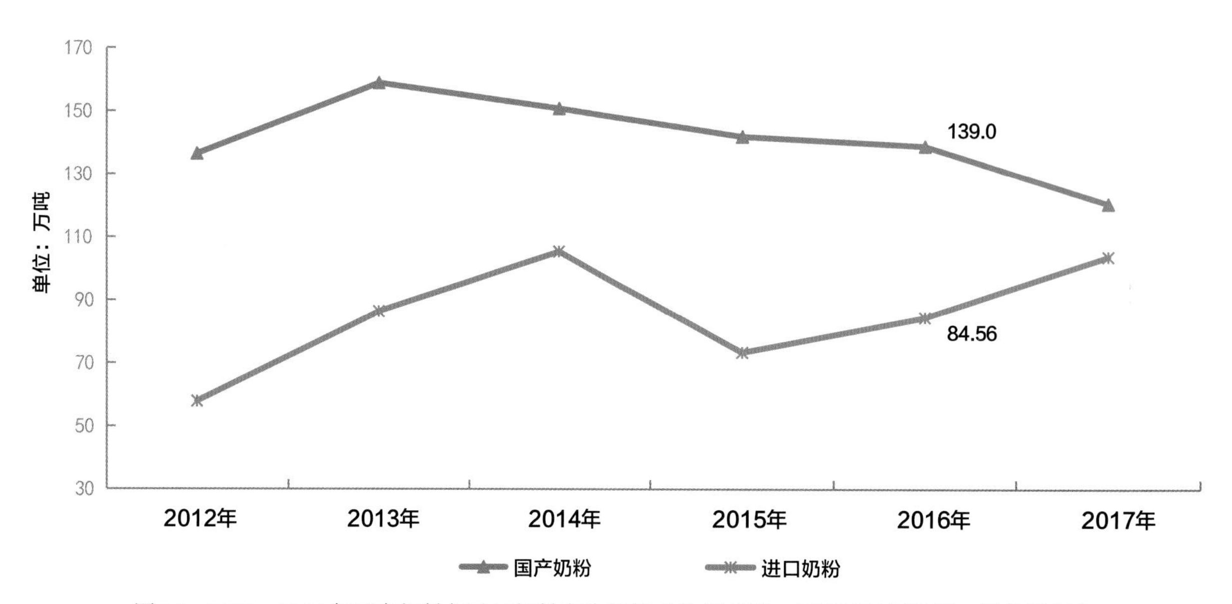

图14　2012—2017年国产奶粉与进口奶粉变化趋势（数据来源：国家统计局数据、海关数据）

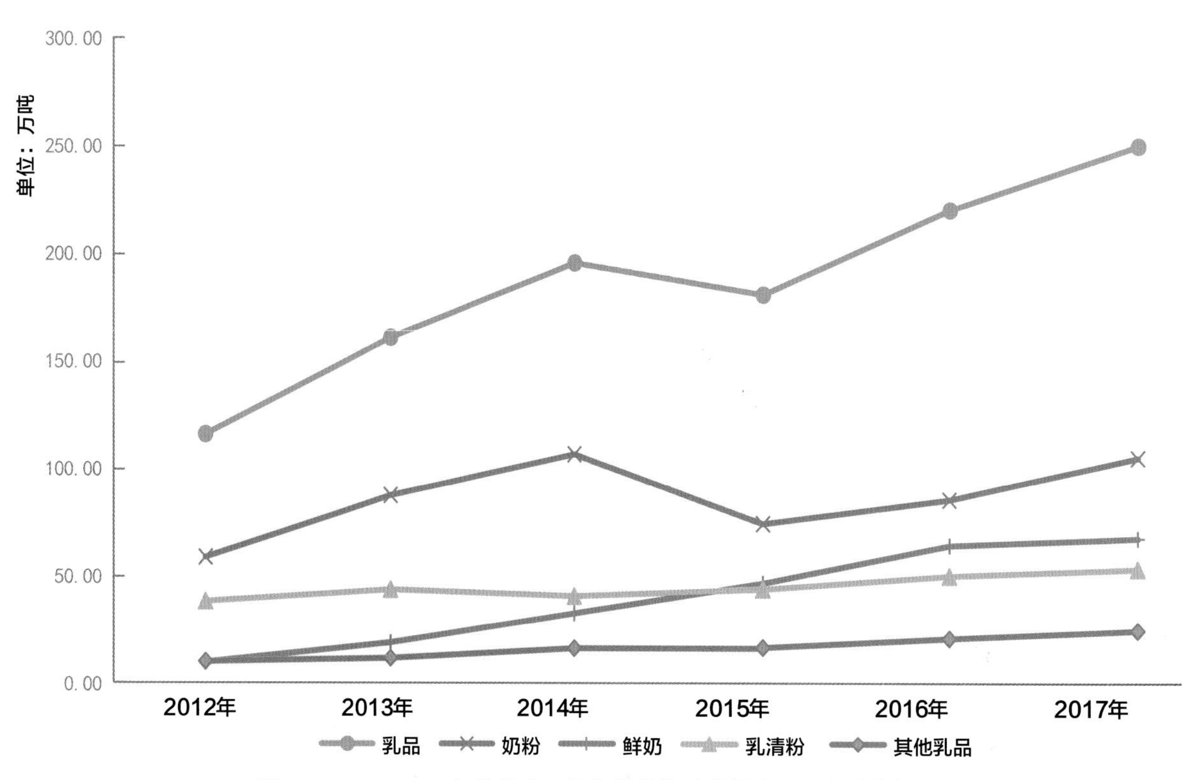

图15　2012—2017年乳品进口量变化趋势（数据来源：海关数据）

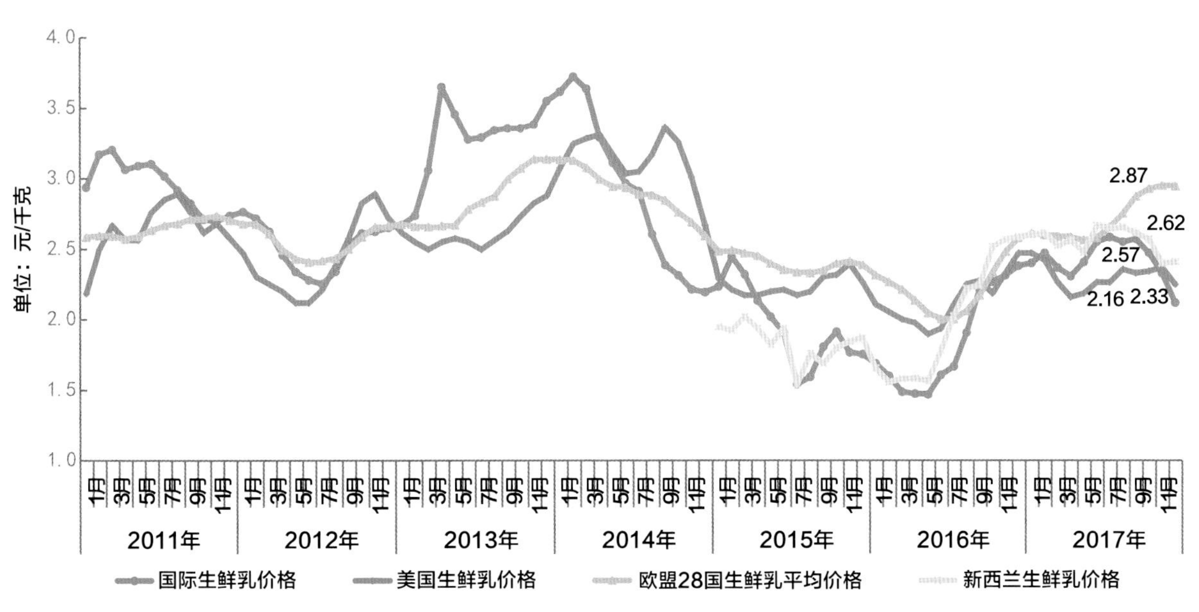

图 16 2011—2017 各国生鲜乳价格变化趋势（数据来源：IFCN、USDA、EU、CLAL.it）

28 国 2017 年生鲜乳平均价格波动上涨，全年生鲜乳平均价格折合人民币每千克 2.72 元，同比上涨 22.5%（图 16）。新西兰生鲜乳价格平稳上涨，全年平均价格折合人民币每千克 2.56 元，同比上涨 28.6%（图 16）。

（二）存栏增加，产量持续上升

美国存栏平稳增长。2017 年美国奶牛存栏 939.2 万头，同比增长 0.7%（图 17）。

欧美各国产量持续增加。2017 年，美国生鲜乳产量为 9772 万吨，同比增长 1.4%；新西兰生鲜乳产量 2146 万吨，同比增长 1.3%，欧盟 28 国生鲜乳产量 16675 万吨，同比增长 1.8%（图 18）。

三、2018 年中国奶业展望

2018 年，我国奶业仍将延续供给侧结构性改革进程，面临诸多困难和挑战，但国家将出台奶业振兴的纲领性文件和政策，有望助力奶业加快振兴发展。

（一）存栏降幅减缓，生鲜乳收购站小幅减少

2018 年，乳品进口仍将保持增长态势，对国内奶牛养殖冲击仍然较大。同时，环保压力持续加大，奶业发展的外部制约因素增多。加上合理产业链利益分配机制尚未有效改善，预计 2018 年国内奶牛养殖仍将持续结构性调整步伐，生鲜乳收购站、奶牛存栏将继续减少，但降幅减缓。

（二）单产提高，生鲜乳产量或将基本持平

考虑到存栏降幅减缓，加上产奶牛单产持续明显提高，2018 年可望达到 7 吨以上。全年生鲜乳产量平稳，与上年基本

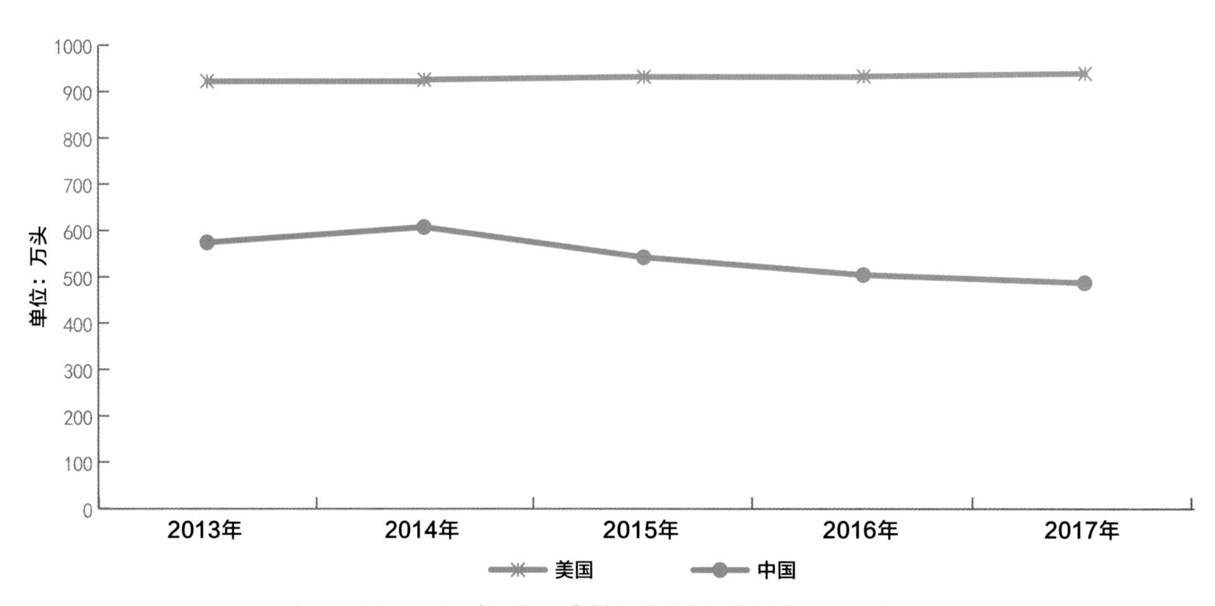

图 17　2013—2017 各国奶牛存栏变化趋势（数据来源：CLAL.it）

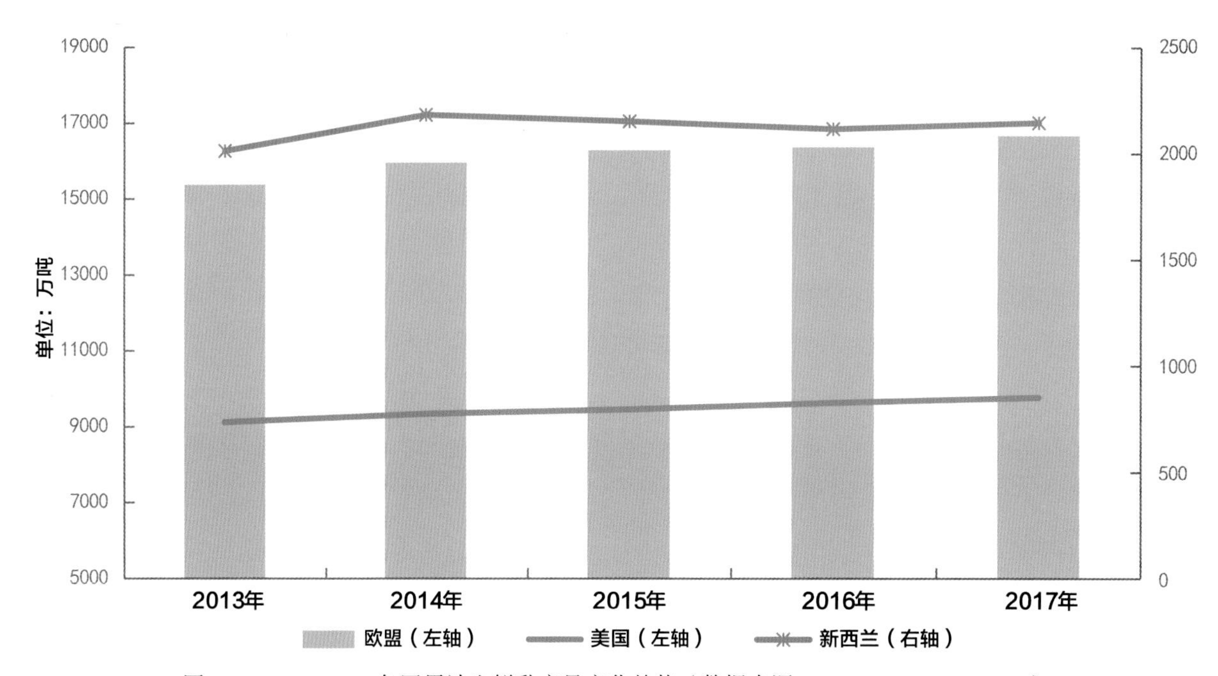

图 18　2013—2017 各国累计生鲜乳产量变化趋势（数据来源：Dcanz、CLAL.it、EU）

持平，年内生鲜乳产量季节性变化明显。

（三）生鲜乳价格季节性波动，限收拒收仍会出现

2018 年上半年逐步进入产奶高峰期，预计奶价将再次出现阶段性回调，但由于奶牛存栏量呈下降态势，预计生鲜乳产量的减少，使得生鲜乳价格降幅逐步收窄，止跌上涨。全年判断，生鲜乳价格将小幅上涨。

2017 年肉牛产业发展形势及 2018 年展望

摘　要

2017 年，我国牛肉市场进一步开放，国际竞争压力更加凸显，国内基础母牛养殖补贴项目取消，环境约束日趋严峻。在诸多不利影响下，我国肉牛生产总体保持平稳，存栏小幅增加，母牛存栏略有减少，牛肉产量保持增长。受牛肉消费需求增长拉动，牛肉价格止跌回涨，养殖效益持续趋好。2017 年牛肉供求总体偏紧。展望 2018 年，粮改饲和草牧业发展、产业扶贫的推进，都将带动区域内肉牛养殖业的发展，牛肉产能提升具有一定潜力，牛肉市场供应将有所增加；消费需求将继续保持增长，牛肉供求总体由偏紧趋向平衡，价格将保持较高水平，养殖效益较好[1]。

一、2017 年我国肉牛产业运行总体平稳

（一）生产供给总体趋稳，粮改饲试点和产业扶贫成为新动力

1. 散养户继续退出，规模化程度继续提升

受城镇化、规模化进程加快、禁限养造成的养牛门槛提高等多重影响，小散户养殖持续退出。据对 250 个肉牛养殖定点村监测，2011 年以来养牛户比重锐减（图 1），2014 年之后降幅有所收窄。2017 年，受禁养拆迁等因素影响，部分养牛户退出养殖。2017 年年末养殖户比重同比下降 0.5 个百分点。但在部分贫困县[2]，肉牛养殖成为扶贫产业，养牛户比重小幅增加。

1　本报告分析主要基于 50 个肉牛养殖大县中 250 个定点监测村和年出栏 50 头以上规模养殖场数据

2　50 个监测县中涉及 16 个贫困县

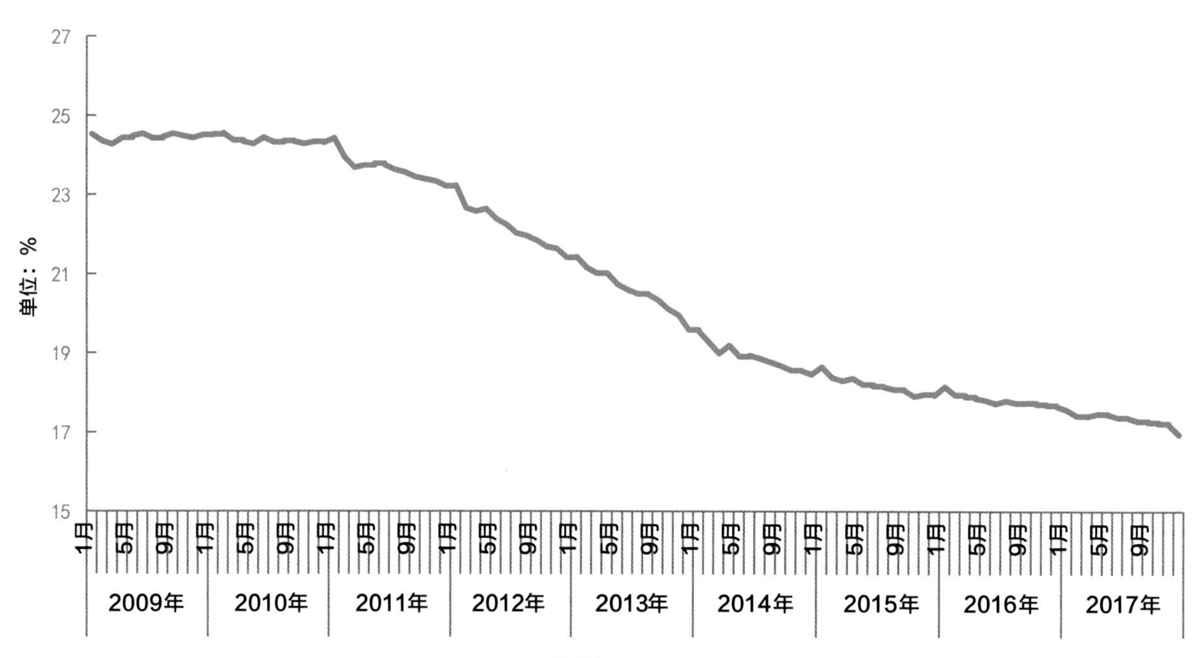

图1 监测村养牛户比重情况

表1 我国不同规模肉牛养殖场户出栏肉牛比重情况 单位：%

年份	年出栏 1~9 头	10~49 头	50~99 头	100~499 头	500~999 头	1000 头以上
2010	58.4	18.5	9.1	7.9	3.6	2.6
2011	57.1	18.3	9.8	8.5	3.6	2.8
2012	56.4	17.4	9.9	9.5	3.8	3.0
2013	54.9	17.8	10.6	9.8	3.7	3.2
2014	54.6	17.8	10.2	10.3	3.7	3.4
2015	53.9	18.3	10.1	10.2	3.8	3.6
2016	53.4	18.6	10.5	10.0	3.9	3.6
2016年比2010年增减百分点	-5.0	0.2	1.4	2.1	0.3	1.1

我国肉牛养殖规模化程度不断提高。2016年肉牛养殖规模化率为28%，比2010年提高了约5个百分点（表1）。

2. 肉牛存栏小幅回升，粮改饲试点和产业扶贫区增幅明显

2017年，在活牛市场价格回升的拉动下，肉牛存栏小幅增加（图2）。2017年末，250个监测村肉牛存栏同比增长1.1%，其中，粮改饲试点区[3]肉牛存栏同比增长4.5%，贫困地区肉牛存栏同比增长4.2%。

3. 母牛养殖小幅下降，但粮改饲试点和产业扶贫区呈增长势头

2017年，能繁母牛养殖量呈下降趋势（图3）。2017年年末，250个监测村能繁母牛存栏同比下降1.8%，但粮改饲

3 50个监测县中涉及粮改饲试点县14个

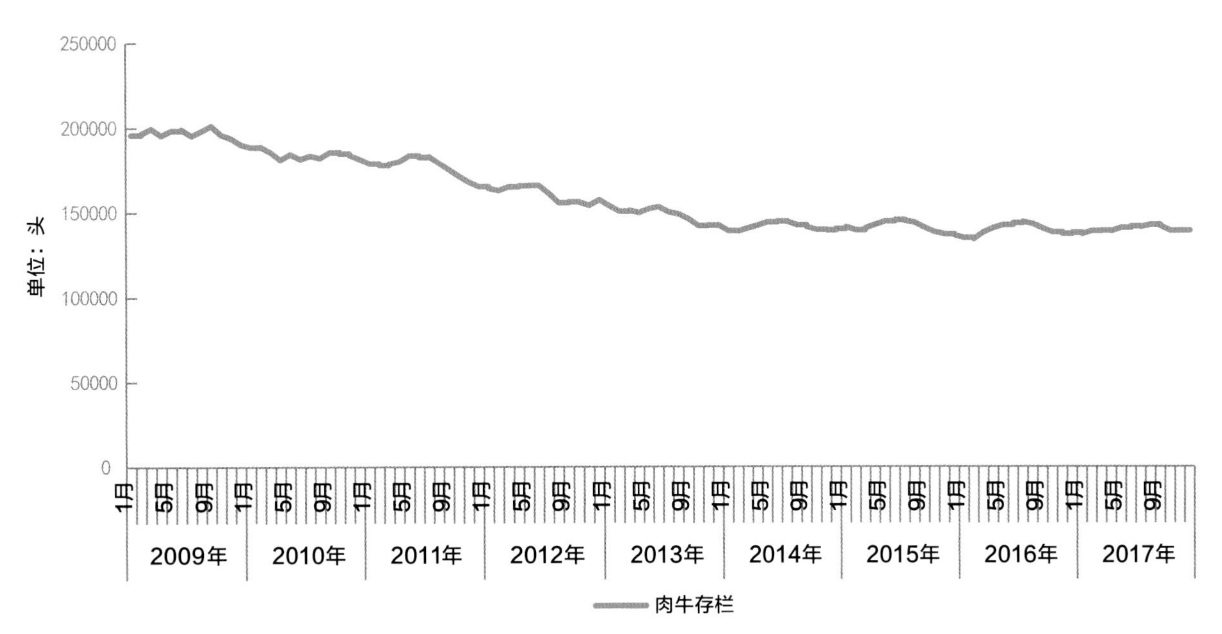

图 2　监测村肉牛存栏情况

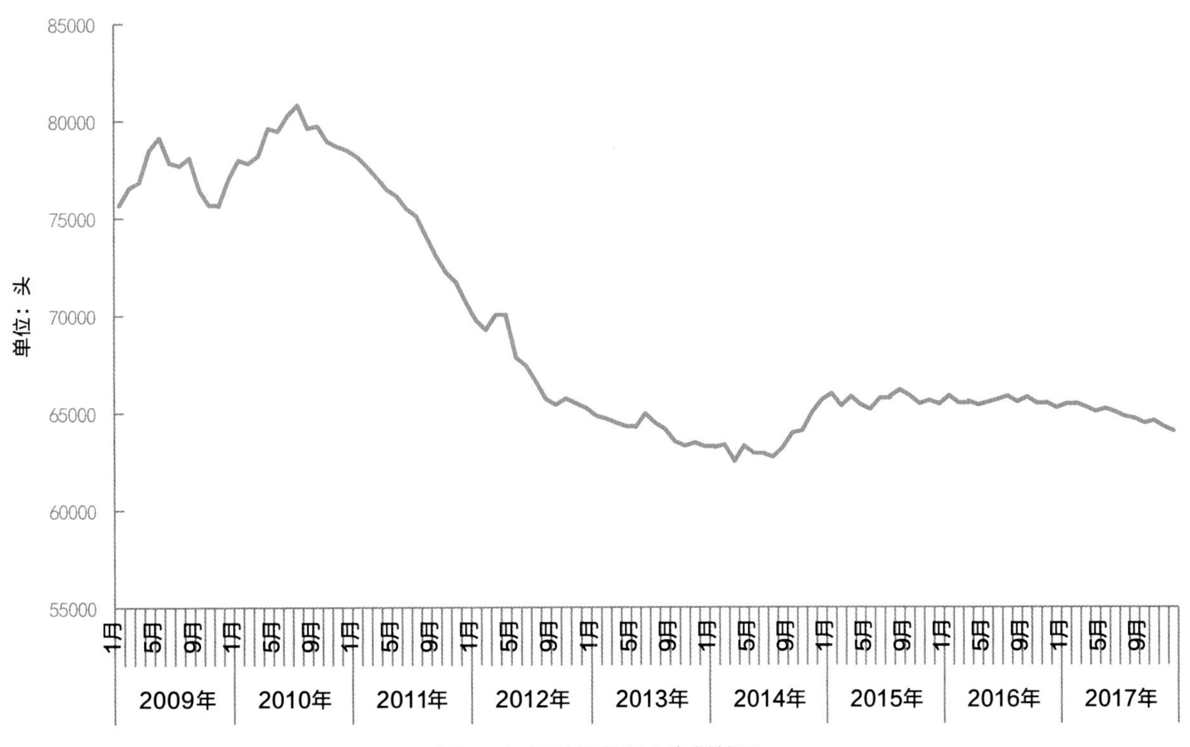

图 3　监测村能繁母牛存栏情况

试点区能繁母牛存栏同比增长 0.4%，贫困县能繁母牛存栏同比增长 3.9%。

4. 牛肉产量小幅增加，奶牛肉用资源给予有效补充

2017 年，肉牛出栏结束了连续 8 年的下降趋势（图 4）。全年监测村累计出栏肉牛同比增加 4.5%；平均出栏活重 531.3 千克，同比下降约 0.9%。据此测算，2017 年牛肉产量同比增长 3.6%。

近两年我国的奶牛资源有力补充了

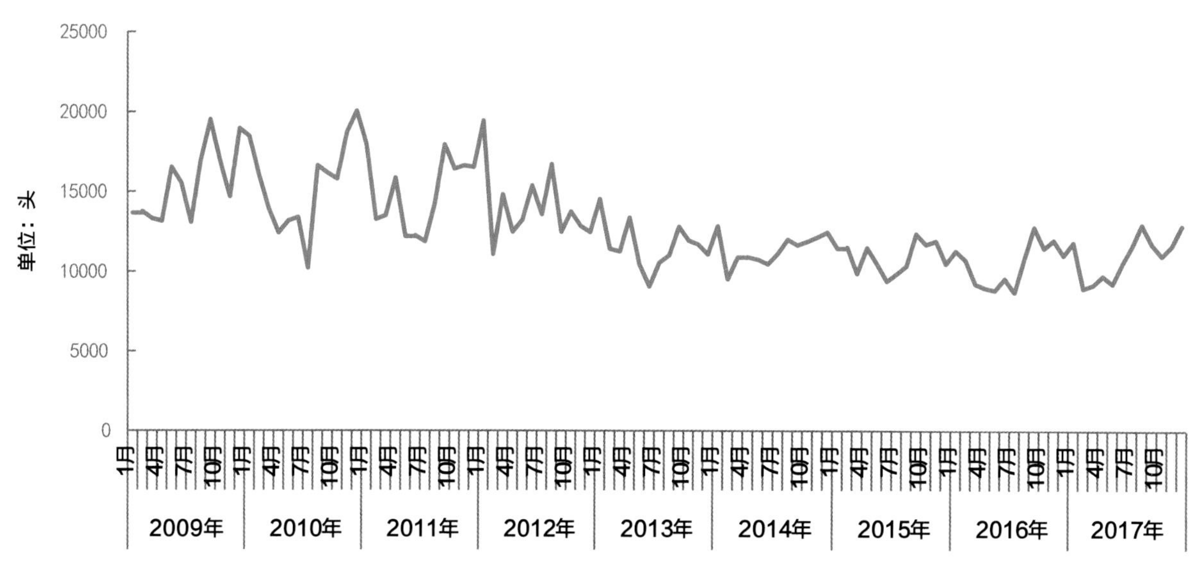

图 4　监测村肉牛出栏情况

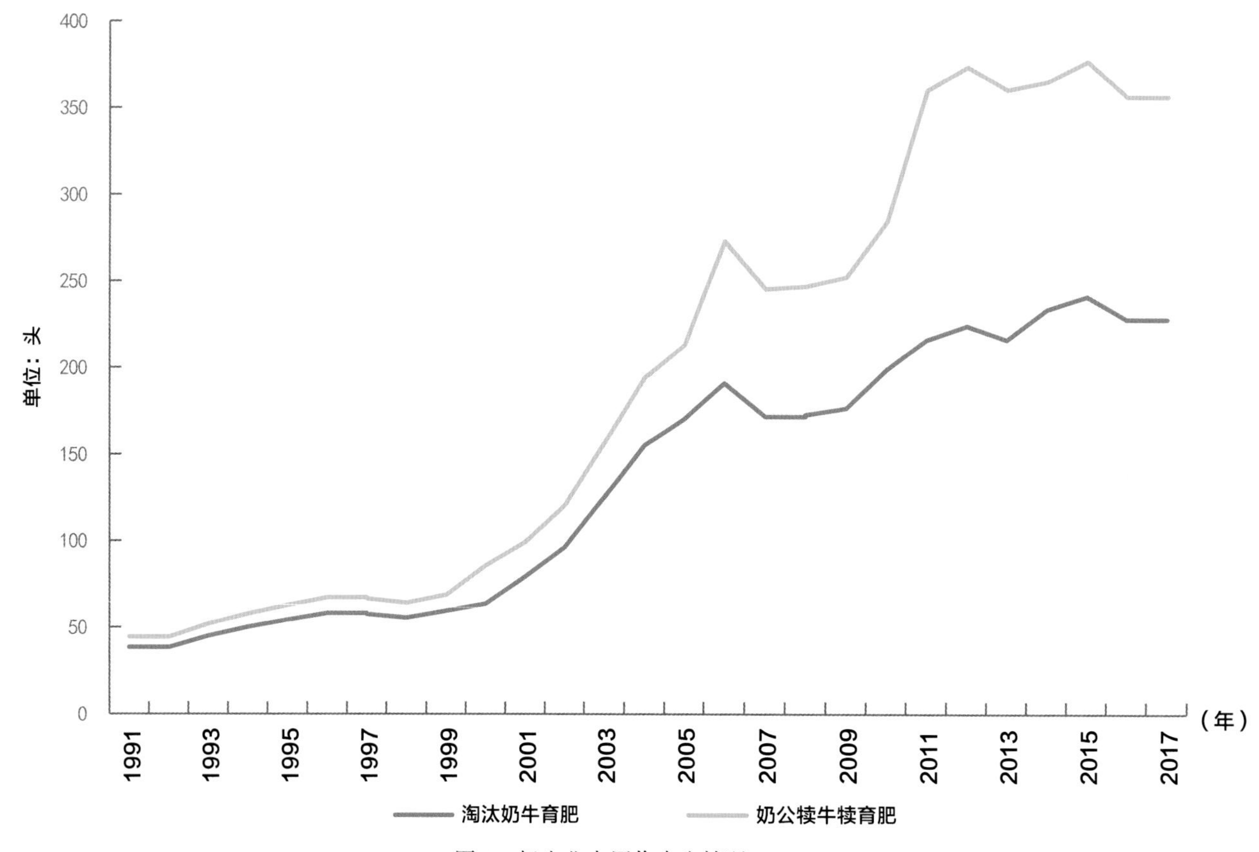

图 5　奶牛业中用作肉牛情况

肉牛数量的不足（图 5）。一方面，奶公牛犊育肥有效补充了牛源，另一方面，淘汰奶牛作为肉用牛育肥，增加了牛肉市场供给。此外，受奶业市场持续低迷的影响，一些奶牛场户直接用肉牛冻精进行配种，犊牛转向肉牛养殖。

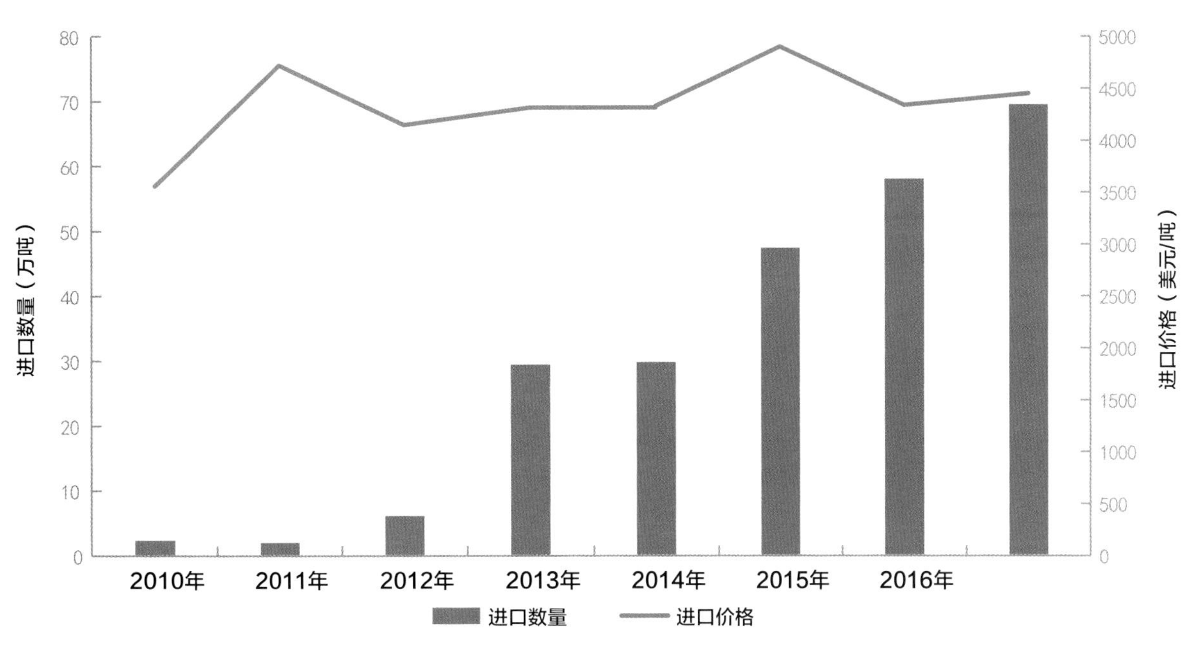

图 6　近年来我国进口牛肉量和价格变动情况

（二）消费需求明显增加，电商平台等新的购销渠道快速拓展

1. 牛肉消费量明显增长

受城乡居民肉类消费升级影响，近年来牛肉消费需求呈增长态势。据国家统计局数据，2016 年我国城镇居民家庭人均牛肉消费量 2.5 千克，同比增长 4.2%；农村居民家庭人均牛肉消费量 0.9 千克，同比增长 12.5%。据对 240 个县集贸市场牛肉交易量监测，2017 年累计牛肉交易量同比增长 8.3%。

2. 商超和电商平台等牛肉新的销售渠道快速拓展

随着移动互联网的普及和电商的发展，通过商超和电商平台销售的牛肉比例明显增加。据资料显示，京东计划在未来 3 年内采购 12 亿美元的美国商品，含牛肉和猪肉；科尔沁牛业 2017 全年通过电商平台销售收入达到 2 亿元，仅“双十一”一天，销售额达到 2100 万元。

（三）进口量继续快速增加，美国牛肉重返中国市场

1. 进口量同比增加 19.9%，进口渠道呈多元化发展

近年来，由于国内外价差大，我国牛肉进口量快速增加（图 6）。2017 年，我国进口牛肉 69.5 万吨，同比增长 19.9%；进口额 30.7 亿美元，同比增长 21.8%。牛肉进口国中，新增南非和墨西哥两个来源国。牛肉进口运输渠道进一步拓宽，在原有陆运和空运的基础上，开拓了澳洲牛肉和美国牛肉海运贸易。

2. 美国牛肉重返中国市场，目前对国内市场影响有限

继 2016 年我国小量进口美国牛肉后，2017 年开始进一步设立进口标准，加大美国牛肉进口，主要包括冻牛肉和鲜冷牛

肉。全年共进口美国鲜冷牛肉267.9吨，平均到岸价格每千克118.9元；进口冻牛肉1938.9吨，平均到岸价格每千克64.9元。由于我国在莱克多巴胺即“瘦肉精”方面设立了较为严格的标准，所以短期内符合标准的美国牛肉并不多。此外，美国中高档牛肉价格也比较高，与国内价差不明显，而我国市场恰好是中高档牛肉较为短缺。综合分析，放开美国牛肉进口短期内不会导致进口量大幅增加，对我国牛肉市场的冲击有限。

（四）进口牛肉质量时有隐患，牛肉走私被进一步遏制

1. 进口牛肉质量时有隐患，澳大利亚牛肉经历三个月进口禁令

2017年3月，天津检验检疫局查办一批来自阿根廷的过期冷冻进口牛肉。4月，深圳笋岗检验检疫局接连查获11个批次、523箱，14.2吨重的不合格进口冻牛肉。9月，山东黄岛检验检疫局销毁了一批来自巴西不合格进口冷冻去骨牛肉。由于进口澳大利亚的一些牛肉外包装标签与内含物标签不相符，我国检疫机构7月下旬发布了对澳大利亚牛肉的进口禁令，中国海关也随之暂停对澳洲牛肉的进口，禁令历时3个月后撤销。

2. 牛肉走私依然存在，主要集中于两广地区

2017年5月，广东湛江海关查扣无合法手续冻牛肉、冻牛蹄筋约275吨；6月，广东海警在辖区北部湾海域查获牛肉冻品数百吨，深圳沙头角查获冻牛肉48千克；7月，广东乐昌市查获走私冻牛肉27吨；8月，广西南宁查获走私牛肉60多吨。走私查获地点相对集中，主要是两广地区。

（五）牛肉供求略紧，价格有所上涨，养殖效益较好

1. 上游市场牛源供应趋紧，活牛市场价格有所上涨

2017年能繁母牛存栏有所下降，下半年奶价回升使得淘汰奶牛减少，奶公犊供应也相对减少，市场牛源趋紧，部分地区每头犊牛价格同比上涨500多元。2017年，育肥出栏肉牛平均价格每千克25.35元，同比上涨1.3%；繁育出售架子牛平均价格每千克26.61元，同比上涨6.6%。

2. 下游牛肉产品价格有所上涨，企业利润保持增长

牛肉产品价格从2017年第32周开始结束了2015年第20周以来的同比持续为负的格局，截至2017年年底，除2017年第40周外，牛肉产品价格同比均为正。2017年全年牛肉产品平均价格为每千克62.73元，同比上涨0.1%。牛肉生产经营相关企业盈利状况较好，2017年部分肉牛生产经营企业营业收入同比增幅超过20%，净利润同比增幅超过10%。

3. 肉牛养殖粗饲料费出现下降，繁育户养殖效益显著增加

2017年，我国粮改饲试点面积达到1300多万亩，显著增加了优质粗饲料的供给。2017年，育肥出栏肉牛头均粗饲料费用为701.5元，同比下降2.9%；繁育出售架子牛头均粗饲料费用为525.4元，同比下降0.2%。全年平均繁育出售一头300千克架子牛可获利2633.7元，同比增

长 17.5%。

二、2018 年中国肉牛生产总体稳定，供需总体平衡

（一）牛肉生产供给将保持现有水平

一是肉牛存栏量将保持稳定或略增。粮改饲、草牧业、产业扶贫，将带动相应区域内肉牛养殖业的发展，预计总体肉牛存栏量将保持稳定。另外，由于近年来国内奶价持续低迷和牛肉价格上涨，将刺激部分奶牛养殖场户转向肉牛养殖。二是牛肉产能提升有一定潜力，产肉量有望保持小幅增加。随着肉牛业盈利水平的提升，以科学饲养和精准管理为代表的肉牛养殖技术水平不断提升，肉牛个体生产能力将提升，一定程度上提升牛肉的生产供给能力。

（二）牛肉消费需求继续增长

与发达国家相比，我国牛肉消费还有很大潜力。目前我国人均牛肉消费量约为 6 千克，远低于欧美发达国家。城镇化进程加快进一步带动牛肉消费的增长。80 后、90 后群体正逐步成为新型、时尚、高档消费的主力军，他们对牛肉的消费需求也逐步增加，对牛肉产品的需求呈多元化。

（三）牛肉供求总体紧平衡，价格保持较高水平

2018 年，预计牛肉生产供给稳定，消费需求小幅增长；进口市场逐步放开，进口量将继续增加，牛肉供求总体仍将保持紧平衡，牛肉价格维持高位，肉牛养殖效益较好。

（四）环保因素将长期影响养牛业

2018 年开始实施的《环境保护税法》，对存栏规模大于 50 头牛的养殖户征收环保税，各地征收标准不一。环保税并不是对所有养殖场都需要缴纳，对非生产经营行为的养殖场（科研、个人或单位食用）、非规模化养殖场、粪污进行综合利用的规模化养殖场、不直接向环境排放污染物的养殖场予以免税。短期来看，被征税肉牛养殖场户的成本会有一定的增加。长期看来，环保税将促进肉牛养殖业理性发展，可以加快肉牛养殖业污染治理步伐，促进我国肉牛养殖业的转型升级发展。

2017 年肉羊产业发展形势及 2018 年展望

摘　要

持续两年的低迷价格，加上 2016 年部分牧区出现旱灾，草料短缺，以及环保因素的影响，2017 年我国肉羊养殖结构明显调整，产能调减。与此同时，消费增长强劲，推动肉羊产品价格明显上涨。其中，肉羊存栏、能繁母羊存栏、出栏数量等均低于 2016 年水平；羊肉价格和肉羊出栏价格涨幅明显，肉羊养殖效益显著提升；羊肉进出口均量额齐增，贸易逆差扩大。展望 2018 年，肉羊产业发展形势比较乐观，预计肉羊生产恢复仍需一定时间，消费将保持增长势头，供需总体平衡偏紧，价格行情较好，肉羊养殖效益将继续保持高位[1]。

一、2017 年中国肉羊产业形势

（一）肉羊生产下滑

1. 肉羊规模养殖水平提升

据对 100 个养羊大县监测，2017 年

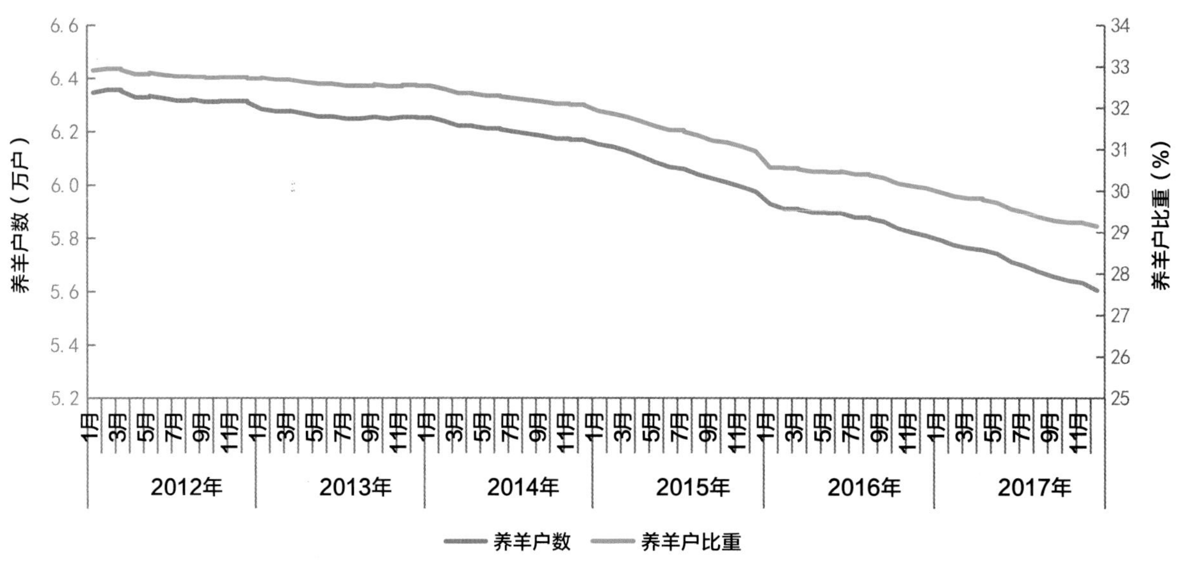

图 1　监测村养羊户数和养羊户比重变化情况

1　本报告分析主要基于 100 个养羊大县 500 个定点监测村和年出栏 500 只以上规模的养殖场数据

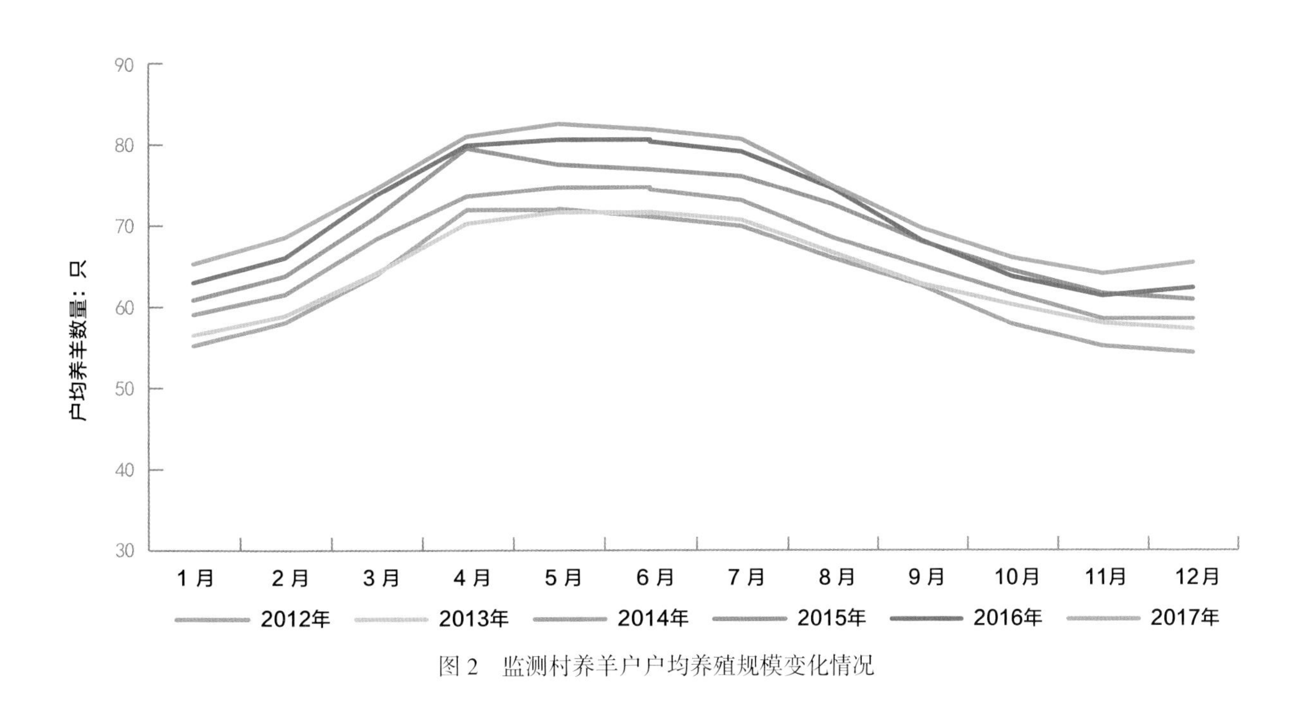

图 2　监测村养羊户户均养殖规模变化情况

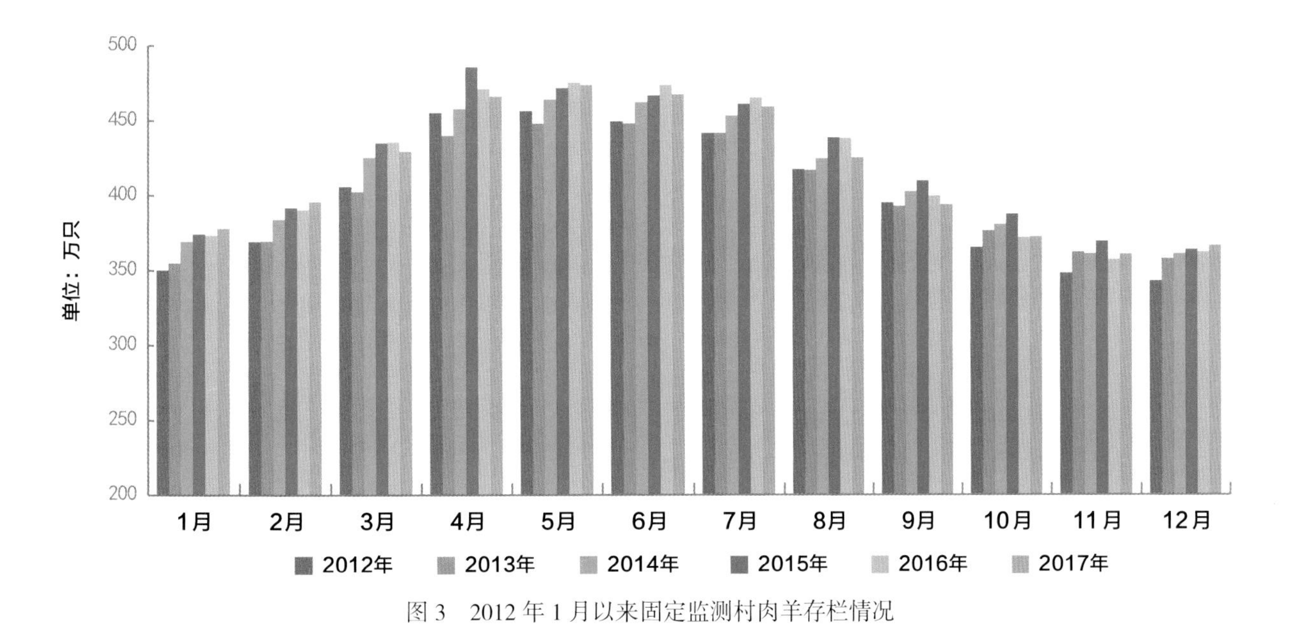

图 3　2012 年 1 月以来固定监测村肉羊存栏情况

养羊户数、养羊户比重呈持续下降态势（图 1），养羊户户均养殖规模呈波动上升趋势（图 2）。2017 年年末，养羊户数同比下降 3.5%，养羊户比重为 29.1%，同比下降 0.92 个百分点；户均养殖规模 65.42 只，同比上升 5.0%；由于受环保政策影响，规模场数量有所下降，年末同比下降 1.7%。

2. 肉羊存栏下降

2017 年年末，监测县肉羊存栏同比下降 0.62%，比 2015 年末下降 4.76%。其中，监测村肉羊存栏同比增加 1.27%（图 3），

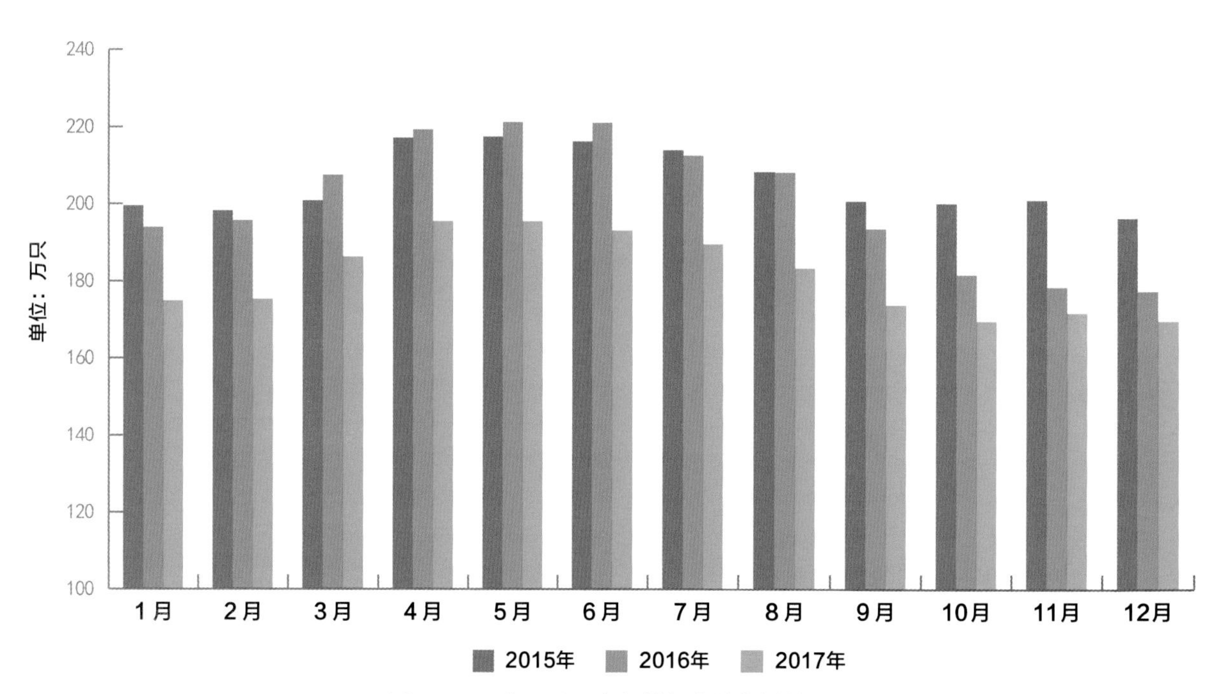

图 4　2015 年 1 月以来规模场肉羊存栏情况

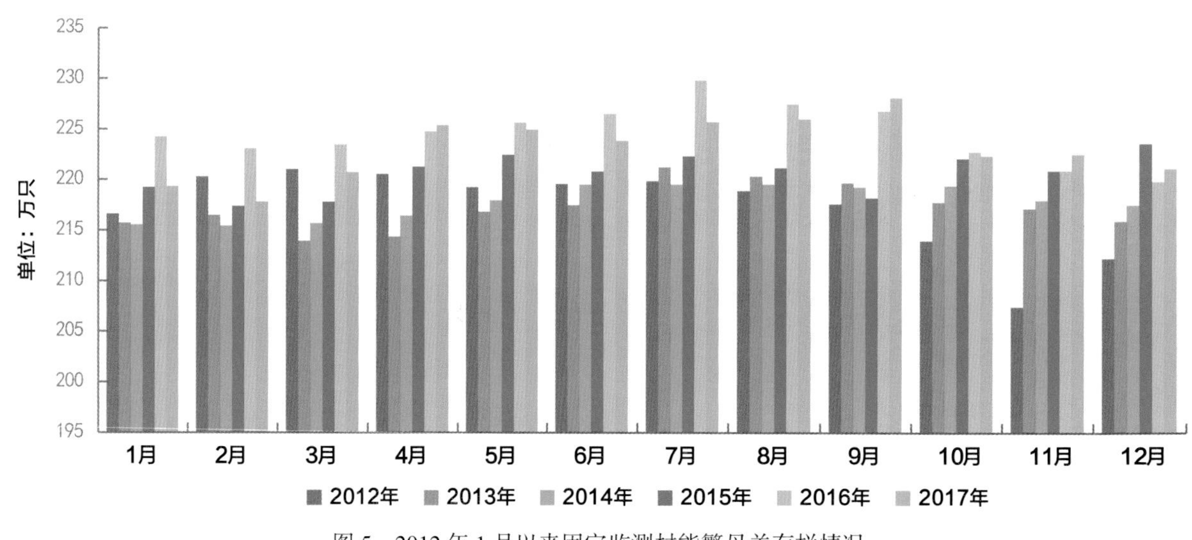

图 5　2012 年 1 月以来固定监测村能繁母羊存栏情况

规模场肉羊存栏同比下降 4.46%（图 4）。从不同品种看，绵羊存栏同比上升 1.49%，山羊存栏同比下降 8.94%。

3. 能繁母羊存栏明显下降

2017 年末，定点监测县能繁母羊存栏数量同比下降 3.1%。其中，监测村能繁母羊存栏同比微升 0.57%（图 5），规模场能繁母羊存栏同比大幅下降 11.47%（图 6）。从不同品种看，绵羊和山羊能繁母羊存栏同比分别下降 1.81% 和 8.52%。

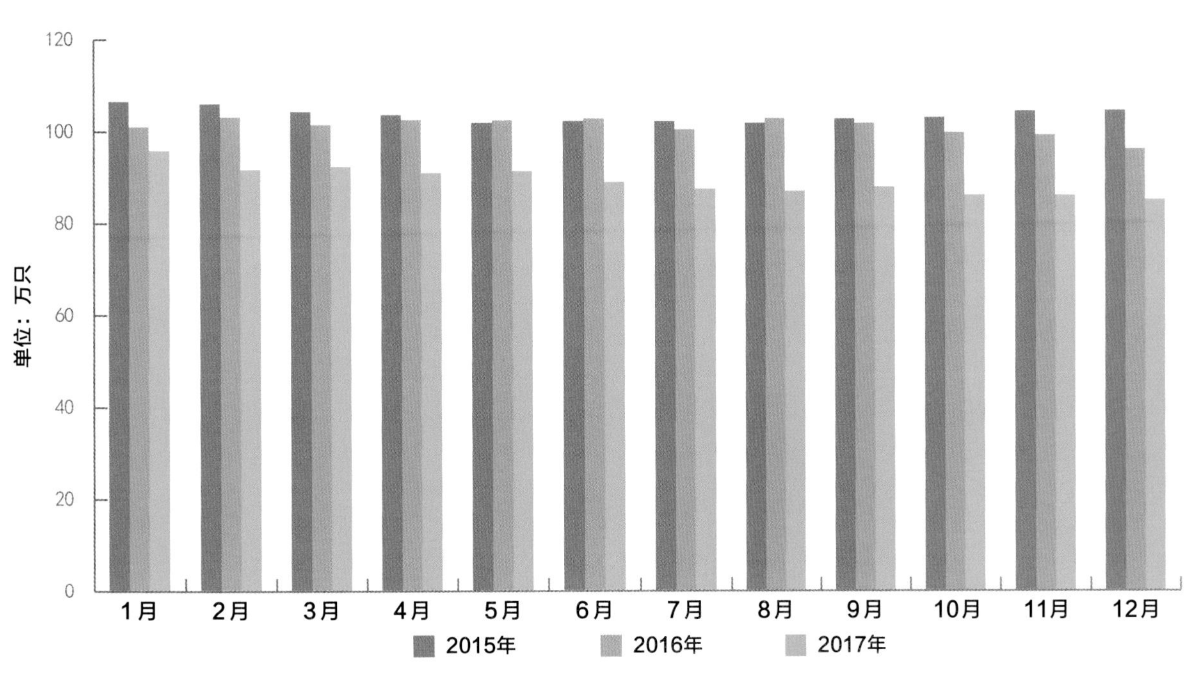

图 6　2015 年 1 月以来规模场能繁母羊存栏情况

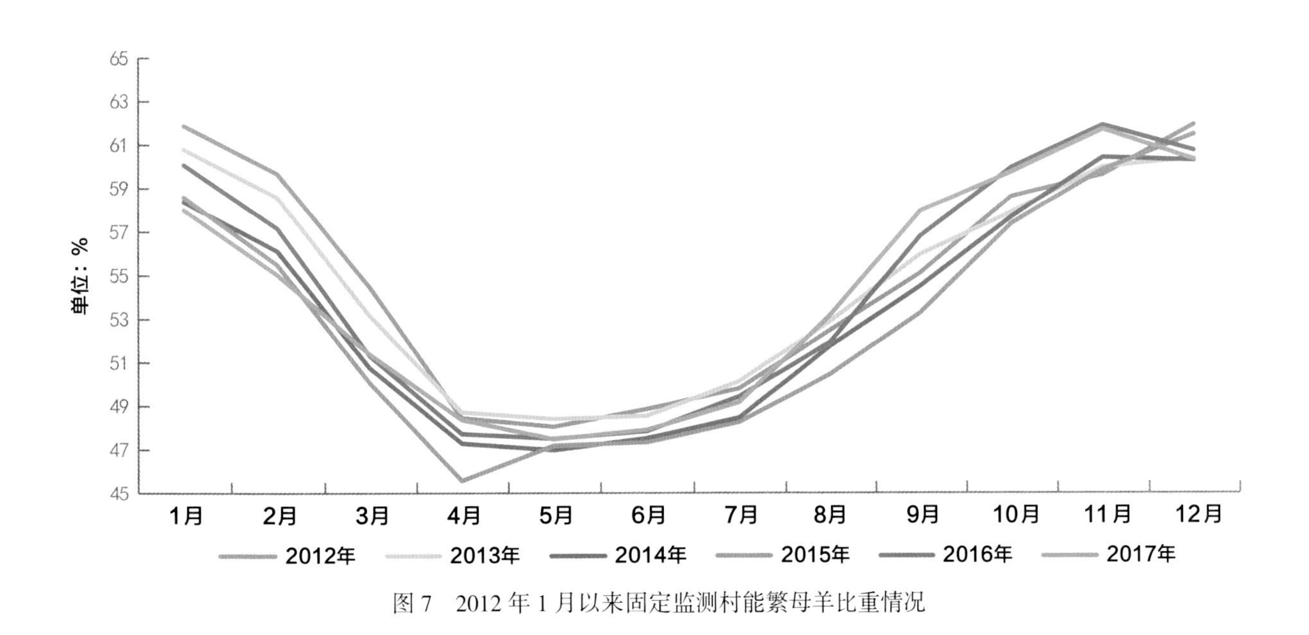

图 7　2012 年 1 月以来固定监测村能繁母羊比重情况

能繁母羊比重为 57.11%，同比下降 1.46 个百分点（图 7，图 8）。

4. 肉羊出栏大幅下降

2017 年，定点监测县累计出栏肉羊 420.94 万只，同比下降 7%。分品种看，绵羊和山羊累计出栏同比分别下降 4.1% 和 19.7%。肉羊出栏季节性特征明显，秋冬季节出栏数量较多，而春夏季节出栏数

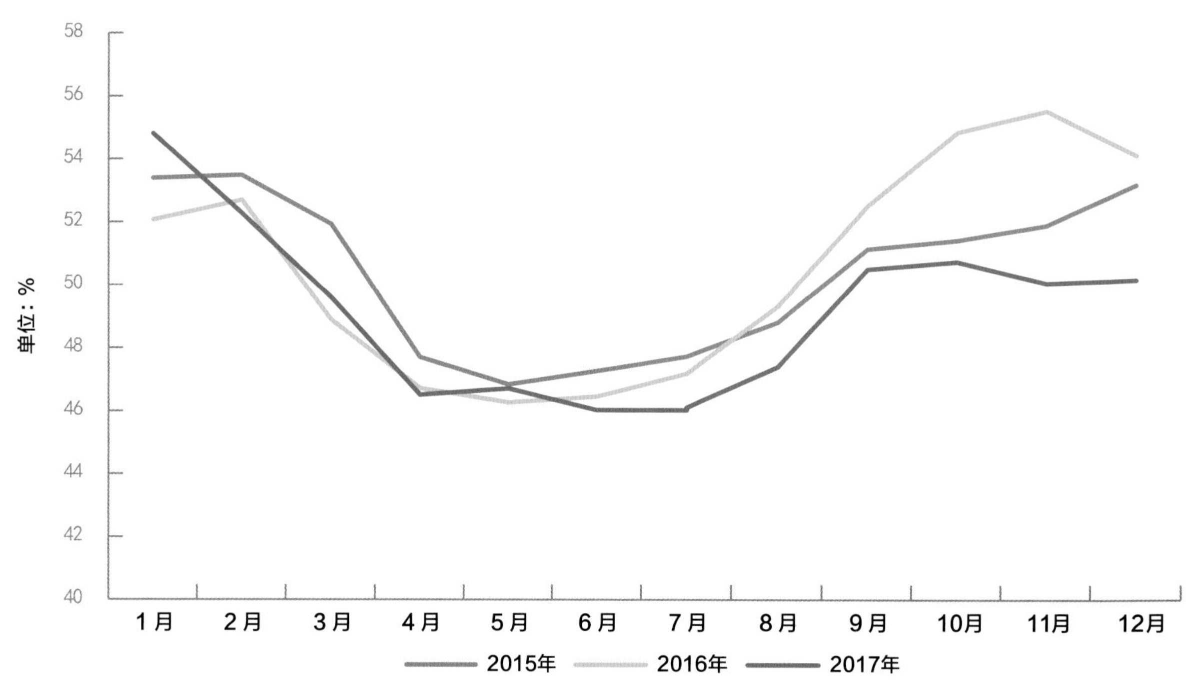

图 8　2015 年 1 月以来规模场能繁母羊比重情况

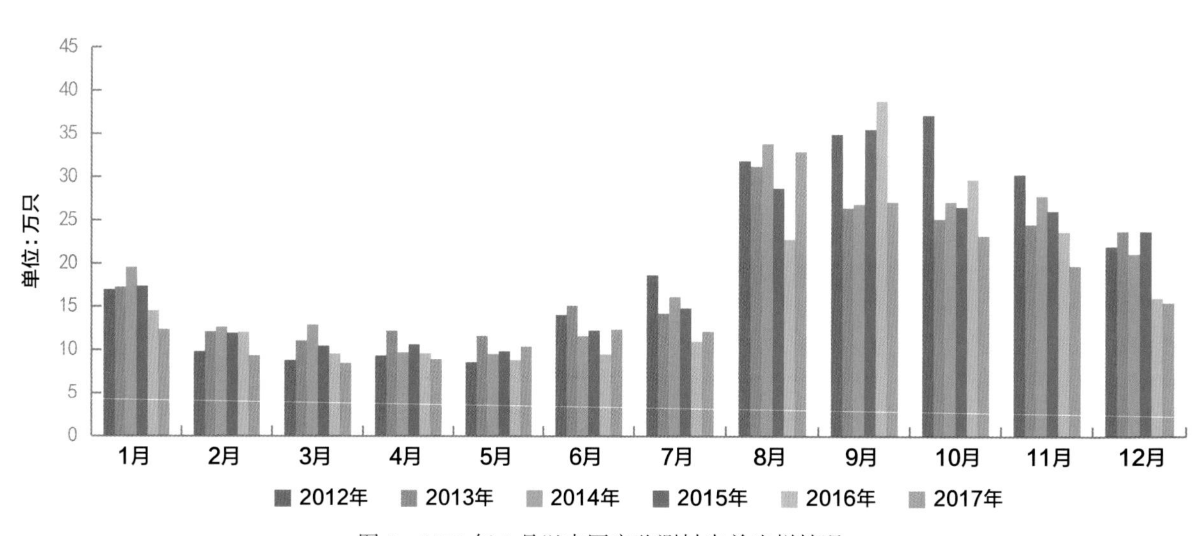

图 9　2012 年 1 月以来固定监测村肉羊出栏情况

量较少（图 9，图 10）。

5. 出售羔羊和架子羊数量大幅下降

2017 年，定点监测县出售羔羊和架子羊数量同比大幅下降 21.4%。从变化趋势上看，羔羊和架子羊出售季节性特征明显，7—10 月为羔羊和架子羊出售高峰期

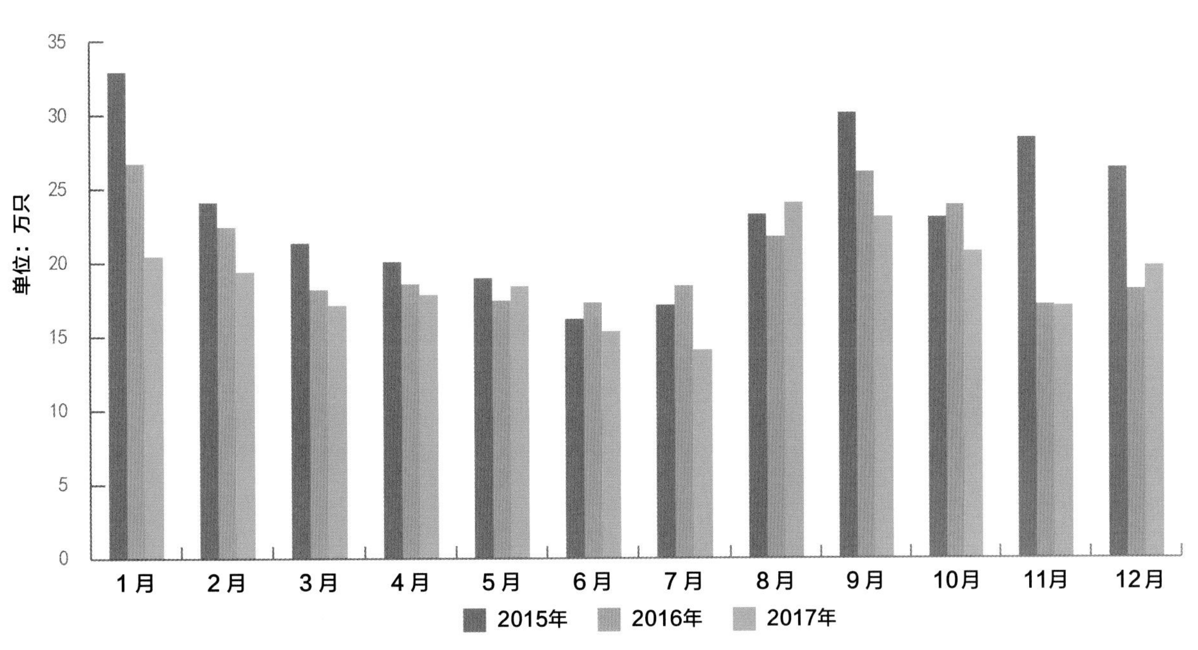

图 10　2015 年 1 月以来规模场肉羊出栏情况

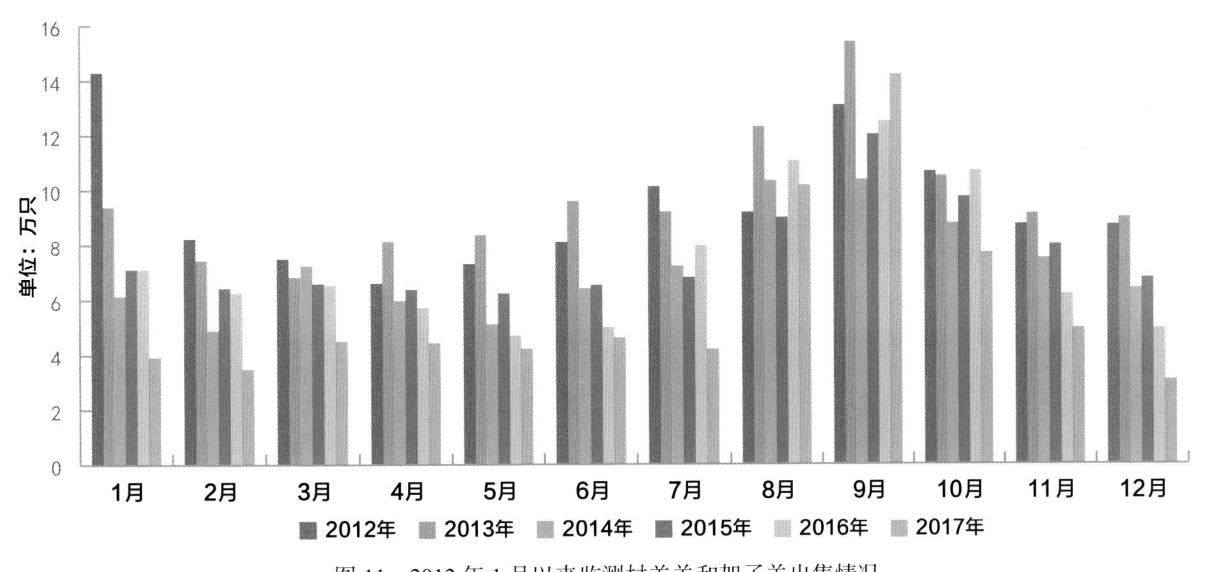

图 11　2012 年 1 月以来监测村羔羊和架子羊出售情况

（图 11，图 12）。分品种看，绵羊和山羊累计出售数量同比分别大幅度下降 19.69% 和 31.17%。

（二）肉羊养殖效益较好

1. 肉羊出栏价格涨幅明显

2017 年，绵羊平均出栏价格每千克 20.22 元，同比上涨 24%；山羊平均出栏价格每千克 26.76 元，同比上涨 4.1%（图 13）。

肉羊供给减少和羊肉消费需求增长，是肉羊价格上涨的主要原因。2014 年冬季至 2016 年，肉羊出栏价格持续下跌，部分养殖场户亏损退出，仍在坚持的养殖

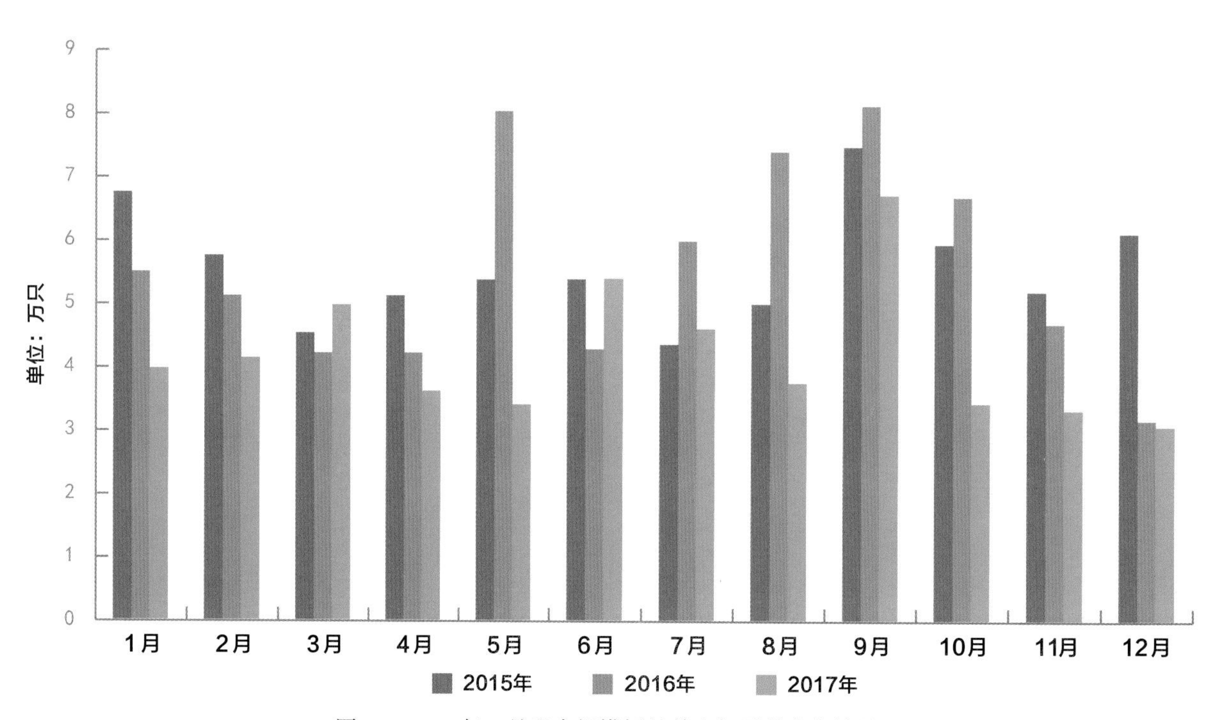

图 12　2015 年 1 月以来规模场羔羊和架子羊出售情况

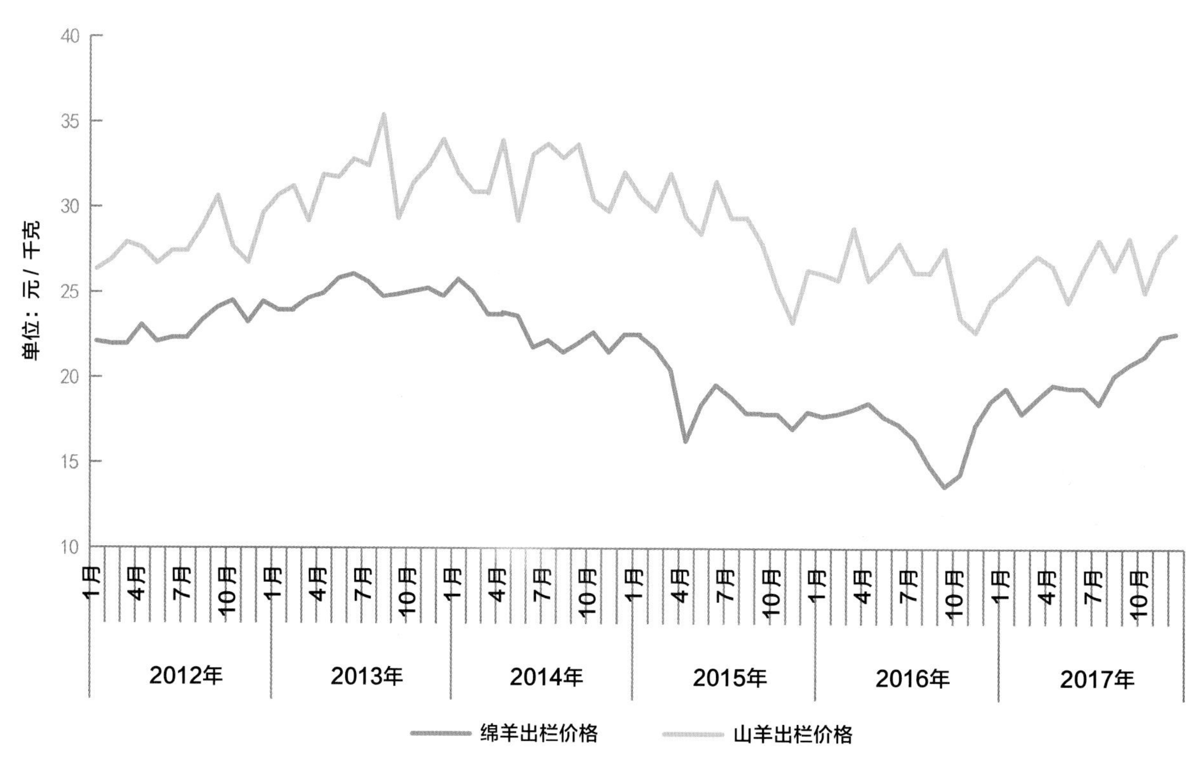

图 13　2012 年 1 月以来肉羊出栏价格变化情况

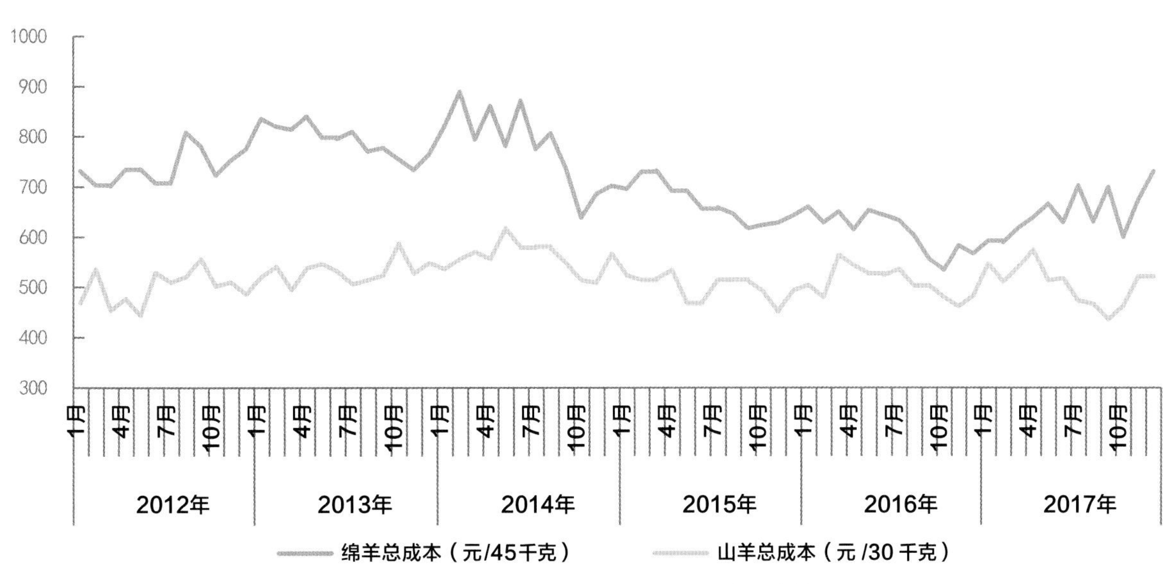

图 14　2012 年 1 月以来肉羊平均总成本变化情况

场户也纷纷缩减规模。2017 年畜禽养殖面临环保重压，不少地区都被划为禁养区或限养区，部分养羊场被迫关停。在市场、环保及气候等多重因素影响下，2017 年肉羊出栏减少，市场供应下降。与此同时，羊肉消费市场回暖，需求不断增长。据对 240 个县集贸市场监测，2017 年羊肉累计交易量同比增长 9.4%。

2. 肉羊养殖总成本有所上升

由于羔羊（架子羊）费用的增长，2017 年肉羊养殖成本有所上升。其中，绵羊、山羊平均出栏成本分别为 651.47 元 /45 千克和 502.12 元 /30 千克，同比分别上升 8.4% 和 1.2%（图 14）。

3. 肉羊养殖效益明显好转

2017 年，每出栏一只 45 千克绵羊和一只 30 千克山羊分别可获利 269 元和 306 元，同比分别增长 93.2% 和 8.8%（图 15）。

4. 自繁自育户只均养殖效益较好，专业育肥户总效益较高

自繁自育户和专业育肥户每只出栏肉羊收入差异不大，但自繁自育户养殖成本相对较低，只均养殖纯收入较好。2017 年自繁自育户每出栏一只 45 千克绵羊和一只 30 千克山羊分别可获利 327 元和 325 元，比专业育肥户分别高 118 元和 135 元。从总养殖效益看，由于专业育肥户养殖规模大、出栏周期短、出栏率高，养殖效益好于自繁自育户。2017 年，自繁自育户平均存栏 169 只，户均出栏 246 只，出栏率为 145%；专业育肥户平均存栏 231 只，户均出栏达 1250 只，出栏率为 541%。

5. 牧区半牧区肉羊养殖效益好于农区

2017 年牧区半牧区每出栏一只 45 千克绵羊可获利 343.68 元，比农区高 130 元；每出栏一只 30 千克山羊可获利 361 元，

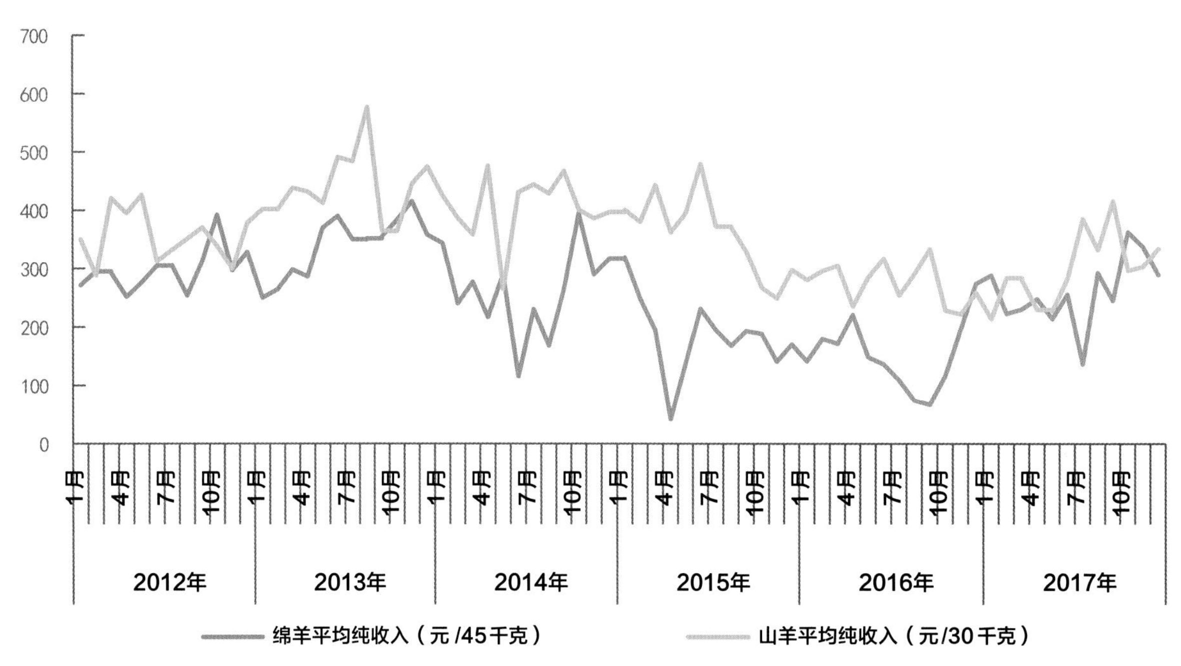

图 15　2012 年 1 月以来肉羊平均纯收入变化情况

表 1　2017 年我国牧区半牧区与农区肉羊养殖效益情况

（单位：元 /45 千克、元 /30 千克）

月份	绵羊		山羊	
	牧区半牧区	农区	牧区半牧区	农区
2017.01	384.53	237.52	176.41	227.46
2017.02	234.10	209.65	350.68	277.29
2017.03	310.18	172.22	416.83	254.39
2017.04	316.06	178.36	371.01	185.67
2017.05	355.39	142.02	279.86	212.72
2017.06	333.10	188.93	383.64	254.86
2017.07	175.83	93.37	652.42	320.42
2017.08	302.42	249.56	519.50	300.61
2017.09	294.44	173.83	573.28	326.63
2017.10	424.13	225.26	314.98	295.72
2017.11	413.45	257.64	386.06	291.14
2017.12	409.97	225.31	328.95	356.57
2017 年平均	343.68	215.70	360.60	278.72
2016 年平均	168.66	110.08	353.78	267.41
同比	103.77	95.94	1.93	4.23

比农区高 80 元。2017 年我国牧区半牧区、农区的肉羊养殖效益均好于 2016 年（表 1）。

（三）羊肉价格触底反弹

2017 年上半年我国羊肉价格由于季节性原因，小幅波动下降，下半年羊肉价

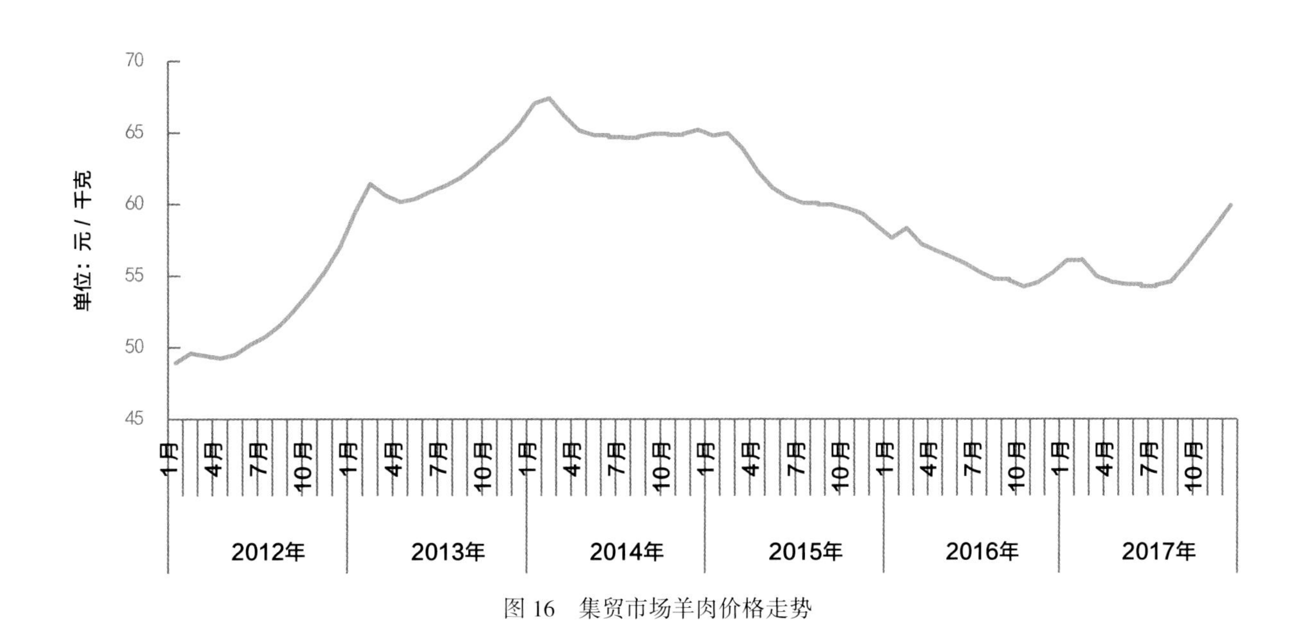

图 16　集贸市场羊肉价格走势

表 2　2017 年我国羊肉进出口情况　　（单位：万吨、亿元）

月份	进口量	进口额	出口量	出口额
1 月	1.79	3.83	0.06	0.36
2 月	2.42	5.43	0.00	0.02
3 月	2.94	6.85	0.02	0.09
4 月	2.70	6.59	0.02	0.09
5 月	2.94	7.43	0.01	0.06
6 月	1.81	4.29	0.02	0.08
7 月	1.66	3.80	0.02	0.13
8 月	1.35	3.02	0.02	0.12
9 月	1.17	2.43	0.02	0.10
10 月	1.36	3.20	0.07	0.42
11 月	2.01	5.23	0.13	0.80
12 月	2.75	7.54	0.13	0.79
2017 年累计	24.90	59.64	0.52	3.05
2016 年累计	22.01	38.07	0.41	2.39
同比	13.11%	56.67%	27.05%	27.61%

格强劲反弹。据对全国 500 个县集贸市场监测，2017 年全国羊肉平均价格每千克 55.9 元，同比基本持平（图 16）。

（四）羊肉进出口均量额齐增，贸易逆差扩大

2017 年，我国进口羊肉 24.90 万吨，同比增长 13.11%，进口金额 59.64 亿元，同比增长 56.67%；羊肉出口 0.52 万吨，同比增长 27.05%，出口金额 3.05 亿元，同比增长 27.61%。2017 年我国羊肉贸易逆差 56.59 亿元，同比扩大 58.61%（表 2）。进出口贸易国（地区）比较集中，其中进口全部来自新西兰、澳大利亚、乌拉圭、

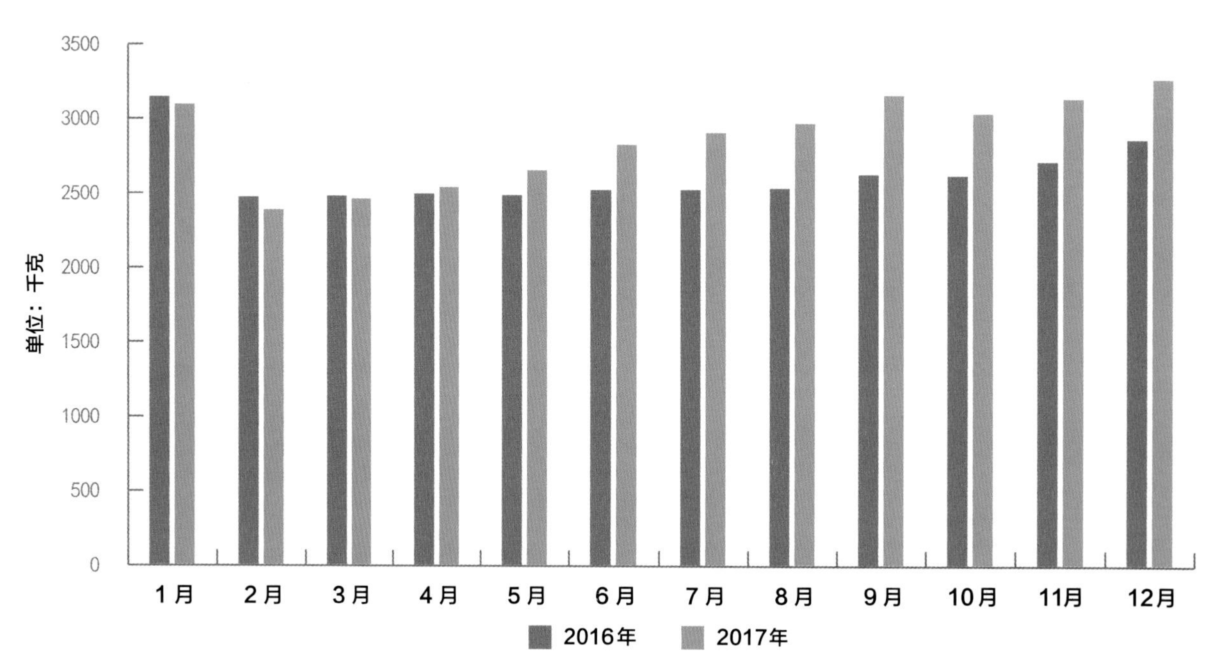

图17　农业部240个县集贸市场羊肉交易量情况

智利和美国5个国家，出口目的地主要是中国香港、朝鲜和阿联酋等。贸易品种以冷冻绵羊肉为主。

二、2018年中国肉羊产业展望

（一）肉羊存栏量下降趋势将减缓

2017年下半年能繁母羊平均存栏同比下降4.2%，可能会导致2018年新生羔羊数量有所下降，加之部分地区受禁养限养环保政策的制约，预计2018年肉羊存栏将继续下降。但考虑到2017年下半年以来肉羊养殖效益显著回升，养殖户补栏积极性有所增强，9月开始能繁母羊下降幅度有所收窄。预计2018年肉羊存栏可能略低于2017年同期水平。

（二）羊肉消费需求将继续增加

近年来，居民羊肉消费增速逐渐加快，根据国家统计局数据显示，我国居民人均羊肉消费量由2013年的0.9千克增长至2016年的1.5千克，2014—2016年羊肉消费量同比分别增长11.1%、20.0%和25.0%。而且根据农业农村部240个县集贸市场羊肉交易量数据显示，2017年4月以来羊肉交易量同比不断增加（图17）。随着城镇化进程加快、城乡居民消费水平提高以及肉类消费结构升级，居民羊肉消费仍将保持增长趋势。因此，预计2018年羊肉消费需求仍将继续增加。

（三）羊肉价格将继续小幅上涨

考虑到受肉羊生长周期的限制，羊肉供给能力短期内恢复程度有限。同时羊肉消费需求继续增加，短期内使得羊肉供需矛盾将难以消除，预计2018年羊肉价格总体水平可能高于2017年同期，肉羊养殖效益将继续保持高位。

（四）羊肉进口规模将进一步扩大

2018 年羊肉供给仍将保持紧平衡状态，同时羊肉价格预计也将小幅增长，国内外价差将持续拉大。而且随着“一带一路”战略的不断推进，中国 - 新西兰双边自贸协定升级谈判的启动，内陆地区进口肉类指定口岸建设进程明显提速，羊肉进口来源国多元化和贸易条件便利化进一步提高。综合判断，预计 2018 年羊肉进口规模将进一步扩大。